ESG

Dados Internacionais de Catalogação na Publicação (CIP)
(Câmara Brasileira do Livro, SP, Brasil)

Alves, Ricardo Ribeiro
   ESG : o presente e o futuro das empresas / Ricardo Ribeiro Alves. – Petrópolis, RJ : Vozes, 2023.

Bibliografia
ISBN 978-65-5713-846-5

1. Desenvolvimento sustentável 2. Governança corporativa 3. Meio ambiente 4. Objetivos de Desenvolvimento Sustentável (ODS) 5. Responsabilidade social das organizações I. Título.

23-143666 CDD-658.408

Índices para catálogo sistemático:
1. Responsabilidade social : Organizações : Administração de empresas   658.408

Tábata Alves da Silva – Bibliotecária – CRB-8/9253-0

RICARDO RIBEIRO ALVES

ESG

O presente e o futuro das empresas

EDITORA VOZES

Petrópolis

© 2023, Editora Vozes Ltda.
Rua Frei Luís, 100
25689-900 Petrópolis, RJ
www.vozes.com.br
Brasil

Todos os direitos reservados. Nenhuma parte desta obra poderá ser reproduzida ou transmitida por qualquer forma e/ou quaisquer meios (eletrônico ou mecânico, incluindo fotocópia e gravação) ou arquivada em qualquer sistema ou banco de dados sem permissão escrita da editora.

CONSELHO EDITORIAL

Diretor
Volney J. Berkenbrock

Editores
Aline dos Santos Carneiro
Edrian Josué Pasini
Marilac Loraine Oleniki
Welder Lancieri Marchini

Conselheiros
Elói Dionísio Piva
Francisco Morás
Gilberto Gonçalves Garcia
Ludovico Garmus
Teobaldo Heidemann

Secretário executivo
Leonardo A.R.T. dos Santos

Editoração: Maria da Conceição B. de Sousa
Diagramação: Raquel Nascimento
Revisão gráfica: Heloisa Brown
Concepção das ilustrações: Ricardo Ribeiro Alves
Arte das ilustrações: Robson Ribeiro Alves
Capa: Ygor Moretti

ISBN 978-65-5713-846-5

Este livro foi composto e impresso pela Editora Vozes Ltda.

O futuro nos dirá como foram as nossas escolhas do presente.
Ricardo Ribeiro Alves

Dedico este livro

A Vitor Hugo Vidal Rangel Júnior e a Alex Carvalho da Faculdade EnsinE, Juiz de Fora, MG.

Aos professores, alunos e ex-alunos do Centro Universitário Governador Ozanam Coelho (Unifagoc), Ubá, MG; e da Universidade Presidente Antônio Carlos (Fupac/Unipac), Ponte Nova, MG.

Aos professores, técnicos administrativos, alunos e ex--alunos da Universidade Federal do Pampa (Unipampa), *Campus* São Gabriel, RS.

Aos professores, técnicos administrativos, alunos e ex--alunos do Programa de Pós-Graduação em Administração da Universidade Federal do Pampa (Unipampa), *Campus* Santana do Livramento, RS.

Sumário

Apresentação, 11

Prefácio, 15

1 O planeta é a "galinha dos ovos de ouro" da humanidade, 19

    1.1 Uma fábula com aplicações atuais, 19

    1.2 O *marketing* "vendendo" felicidade para as pessoas, 23

    1.3 A ilusão das organizações: acreditar que os recursos do planeta fossem ilimitados, 26

2 O falso dilema: economia *versus* ecologia, 31

    2.1 O papel das empresas no desenvolvimento, 31

    2.2 Economia e ecologia andam de "mãos dadas", 33

    2.3 A inserção da sustentabilidade ambiental no dia a dia das empresas, 35

    2.4 Motivação ambiental ou econômica?, 36

3 Como surge o ESG?, 42

    3.1 Não existe planeta "b", 42

    3.2 Rio-92 e Agenda 21, 43

    3.3 Tripé da sustentabilidade, 45

    3.4 Objetivos do Desenvolvimento Sustentável (ODS) e Agenda 2030, 47

3.5 Surgimento e desenvolvimento do ESG, 51

3.6 O ESG como nova forma de fazer negócios, 53

3.7 As práticas ESG nas empresas, 57

3.8 Modelo para entendimento do que é o ESG, 62

4 A letra "E" do ESG – ambiental, 68

4.1 O caminho sem volta da sustentabilidade ambiental nas organizações, 68

4.2 As certificações ambientais como endosso do produto sustentável, 72

4.3 Repensar continuamente o projeto dos produtos, 77

4.4 Exemplos práticos de aplicação do "E" de ESG nas organizações, 86

5 A letra "S" do ESG – social, 124

5.1 A interdependência do social e do ambiental, 124

5.2 Responsabilidade social e ambiental das organizações, 125

5.3 Empresas "B" e Benefit Corporations, 129

5.4 O aspecto social da logística reversa, 135

5.5 Exemplos práticos de aplicação do "S" de ESG nas organizações, 148

6 A letra "G" do ESG – governança, 196

6.1 A governança como base para a concretização das práticas ambientais e sociais, 196

6.2 O que é governança corporativa?, 201

6.3 Princípios básicos de governança corporativa propostos pelo IBGC, 202

6.4 Relação entre *compliance* e sustentabilidade, 205

6.5 Geração de valor sustentável, 207

6.6 Mapeamento das práticas ESG de uma empresa, 213

6.7 Por que o ESG é o presente e o futuro das empresas?, 238

Referências, 255

Apresentação

De algumas décadas para cá o mundo assistiu a transformações da sociedade com o advento da internet e das redes sociais que reformularam o comportamento de empresas, governos e pessoas, fazendo com que houvesse mais interações entre os indivíduos e as instituições. O chamado "mundo virtual" ganhava um protagonismo que não se imaginava tempos atrás.

Mas as transformações não se limitaram às interações entre empresas, governos e pessoas. Elas também ocorreram, e ocorrem, no planeta em que habitamos. Embora discussões a respeito das questões ambientais venham desde as décadas de 1960 e 1970, talvez um dos pontos mais discutidos na sociedade tenha sido a redução da camada de ozônio provocada pelo uso de aerossóis e gases para refrigeração que nós, "simples consumidores", tínhamos em nossas geladeiras.

Eram os anos da década de 1980, e intensos e profícuos debates ocorreram a respeito do uso de produtos feitos a partir de clorofluorocarboneto (clorofluorcarboneto, clorofluorcarbono ou CFC), composto baseado em carbono que contém cloro e flúor.

Naquela época, a sociedade entendeu que era urgente atender aos apelos dos cientistas e promover a exclusão de tais produtos à base de CFC. Assim, o banimento da produção e uso dos gases CFC ocorreu em 1987, no Protocolo de Montreal, que levou à sua substituição pelos hidroclorofluorcarbonos, hidrofluorcarbonos e perfluorcarbonos, que embora contribuam para o aquecimento global, não são danosos à camada de ozônio. Aqui valeu esta máxima: "dos males o menor".

A lição que se deve tirar é que todos se empenharam pela busca da solução do problema, uma prova inequívoca de que, quando o ser humano quer, ele consegue mudar a rota de sua história.

Todavia, os problemas relacionados às questões ambientais apenas se intensificaram e fizeram emergir, também, os problemas sociais, muitas vezes jogados para "debaixo do tapete" nas discussões que se faziam na sociedade e, principalmente, nas empresas.

Com o advento das redes sociais, uma nova e propícia arena para os debates ambientais e sociais estava criada. Desde então, setores da sociedade são capazes de se mobilizar para construírem juntos um mundo melhor, ambientalmente responsável, socialmente justo e economicamente viável. Não por acaso, esses três elementos (social, ambiental e econômico) ganharam destaque no modelo do Tripé da Sustentabilidade, formulado pelo pesquisador e escritor John Elkington, já em meados da década de 1990 e na esteira dos acontecimentos da Rio-92, conferência mundial do meio ambiente promovida pela ONU (Organizações das Nações Unidas) e realizada na cidade brasileira do Rio de Janeiro.

Um passo mais adiante no tempo, e em 2015 foram propostos pela ONU os Objetivos de Desenvolvimento Sustentável (ODS), uma lista de 17 metas prioritárias que compõem a Agenda 2030 e que diz respeito a compromissos ligados aos direitos humanos, erradicação da pobreza, luta contra a desigualdade e a injustiça, igualdade de gênero, empoderamento das mulheres, ações contra as mudanças climáticas, dentre outros.

Um dever de casa que deve ser feito por todos, sem exceção: da mais alta autoridade do país ao cidadão que enfrenta as dificuldades do cotidiano; do CEO das empresas mais ricas ao catador de resíduos recicláveis; dos que vivem no Sul e no Norte do país ou no Leste e no Oeste.

Mas parecia que ainda faltava algo para cobrar, efetivamente, uma postura mais proativa das empresas. Algo que servisse para que elas "entrassem nos trilhos" e que pudessem comprovar que assumiram efetivamente compromissos com as questões ambientais e sociais. Assim, surgiu o ESG, sigla em inglês que significa Environmental, Social and Governance e que pode ser traduzida para o português como "ambiental, social e governança".

O termo apareceu timidamente em 2004, em uma publicação pioneira do Banco Mundial em parceria com o Pacto Global da Organização das Nações Unidas (ONU) – sempre ela – e instituições financeiras de 9 países, e se intitulava Who cares wins ("ganha quem se importa"). Apesar disso, o conceito de ESG ficou "adormecido" durante muitos anos, ganhando força apenas após a criação dos ODS.

A pandemia do novo coronavírus (covid-19), doença infecciosa causada pelo vírus SARS-CoV-2, e que ocorreu mais intensamente em 2020 e 2021, representou um "divisor de águas" na sociedade.

Em que pese os incalculáveis e tristes episódios causados pelas mortes e sequelas de milhares de pessoas em todo o planeta, a pandemia levou as empresas a refletirem a respeito de seu papel na sociedade. Ganhar dinheiro às custas da deterioração acelerada do planeta e da desmedida exploração das pessoas não é o caminho certo, passaram a pensar dessa maneira muitas das organizações.

Assim como a fênix, pássaro da mitologia grega que, quando morria, entrava em autocombustão e, passado algum tempo, ressurgia das próprias cinzas, esses pensamentos fizeram eclodir o conceito ESG, latente tantos anos desde sua publicação inicial em 2004.

Dessa forma, o termo ESG tem sido usado para se referir a práticas empresariais e de investimento que se preocupam com critérios de sustentabilidade, e não apenas com o lucro no mercado financeiro. A adoção da agenda ESG representa uma verdadeira mudança de paradigma nas relações entre as empresas e seus investidores, já que as melhores práticas tradicionalmente associadas à sustentabilidade passaram a ser consideradas como parte da estratégia financeira das empresas.

O presente livro procura contribuir nas reflexões a respeito da importância do ESG na vida de empresas, governos e pessoas. Desejo que a obra possa cumprir esse papel.

Obrigado a todos pelo interesse!

Ricardo Ribeiro Alves
adm.ricardoribeiroalves@gmail.com
@administracaoverde

Prefácio

A discussão de temas relacionados à ESG e sustentabilidade tem sido ampliada nas organizações, substancial e juntamente com o foco nas mudanças climáticas. Embora as questões ambientais, sociais e de governança não sejam novas para a maioria das atividades, mesmo que o termo ESG ainda possa ser desconhecido por muitos, as discussões para implantação de uma agenda "verde" ou sustentável ainda são pouco assertivas. Em meados dos anos de 1980, mudanças perceptíveis, mas ainda tímidas, começaram a ser percebidas em relação às preocupações com controle ambiental e o potencial impacto negativo em alguns setores. Os danos ambientais vivenciados em desastres no Brasil atraíram a atenção internacional, enfatizando a necessidade de aproximação de diversos setores, públicos e privados, da política integrada de ESG, que reúne diversos temas em uma estrutura abrangente, podendo auxiliar as empresas a equilibrarem os benefícios para o planeta, pessoas e lucratividade.

O fato de que as estratégias corporativas e os sistemas de gestão são, geralmente, desenvolvidos em níveis executivos, exige que operação e a produção sejam consideradas para implantação de planos e entrega de mudanças mensuráveis. O ESG tem sido o foco de investidores que exigem atenção ampliada a questões e dados ambientais, sociais e de governança. O olhar tem sido ampliado para além das demonstrações e projeções financeiras, considerando ética, vantagem competitiva e cultura das organizações.

Em mais uma excelente publicação, Ricardo nos brinda com uma reflexão assertiva sobre o *marketing* conectado às práticas ESG e a ilusão de certas organizações em acreditar que implantar tais políticas é simplesmente ter papéis impressos e arquivados, como mencionado no capítulo 1. O tema requer discussões difíceis e necessárias, como a utilidade de certas práticas no nosso cotidiano, temática abordada no capítulo 2. Os demais capítulos exploram o viés técnico e prático das siglas, com exemplos práticos de aplicações e exercícios.

É importante ressaltar que metas realistas de ESG e sustentabilidade devem considerar que as operações precisam ser aprovadas junto à sociedade, o que requer o envolvimento de todas as partes, incluindo comunidades locais, organizações não governamentais e outras partes interessadas terceirizadas, evitando a oposição da população local. Fato é que as questões ambientais que, historicamente, sempre foram deixadas de lado, são constantemente postergadas, e os danos resultantes dessa condição são ampliados a um nível além do remediável.

Dentro dos tópicos da transição energética, destaca-se que não há como lutar contra mudanças climáticas se não forem resolvidos os problemas associados à pobreza, sendo crescente a necessidade de que as empresas apoiem o desenvolvimento econômico em países e comunidades em desenvolvimento. O pilar social na ESG é importante para que as pessoas não sejam deixadas de lado, principalmente em uma visão global. Sem o social não haverá negócios que sejam realmente sustentáveis o suficiente para preocupar com a conformidade os demais elementos, meio ambiente e governança. E sem governança, que pode ser entendida como liderança, os componentes sociais e ambientais deixarão de ser comunicados corretamente e, portanto, não serão devidamente implantados.

Uma parcela significativa de consumidores tem inserido nas decisões de compra questões associadas às mudanças climáticas, optando por produtos e empresas que demonstrem alguma ação positiva de redução de emissões. O mesmo ocorre com os profissionais, que têm considerado trabalhar em empresas que adotam posturas mais sustentáveis. Empresas que divulgam estratégias e dados sobre suas ações relacionadas às mudanças climáticas experimentam redução no custo de capital. Este é um retorno sobre o investimento mínimo que a empresa deve gerar antes de obter lucros. Por isso, ela deve apresentar custos de capital o menor possível para administrar com sucesso as suas finanças. Antes que uma empresa possa ter lucro deve gerar receita suficiente para cobrir o custo do capital usado para financiar suas operações.

No cenário industrial, novos dispositivos, como por exemplo carros elétricos e turbinas eólicas, requerem uma grande quantidade de diferentes minerais, principalmente quando comparados com as tecnologias que eles estão substituindo. Em alguns casos, pode-se requerer um salto de 500% na extração mineral, e com novas formas de geração de energia tão dependentes da mineração, as cadeias de abastecimento deverão ser mais robustas do que as que se tem atualmente. Nesse sentido, a transição energética amplia a pressão nas indústrias em todo o mundo, na medida em que será necessário uma maior consciência e aplicação das políticas de sustentabilidade. No que diz respeito à sustentabilidade e à agenda ESG tem-se a necessidade de ampliação de ações relacionadas à reciclagem, resiliência da cadeia de abastecimento e transparência nas atividades deste mercado. Incorporar padrões ambientais, sociais e de governança mais elevados é mais do uma política estratégica, sendo fundamental para a manutenção dos setores da indústria mineral. E, ainda, estabelecer relações de colaboração e cooperação internacional, tanto entre produtores quanto entre consumidores, além de integração entre produção e consumo.

Que esta necessária obra seja lida e apreciada por todos aqueles que participam das discussões e se interessam pelo assunto.

Rafaela Baldi Fernandes
Engenheira Civil – Doutora em Geotecnia

1
O planeta é a "galinha dos ovos de ouro" da humanidade

1.1 Uma fábula com aplicações atuais

Existe uma conhecida fábula atribuída ao grego Esopo (620 a.c.-564 a.c.) chamada "A galinha dos ovos de ouro", que bem pode ser aplicada aos problemas que a humanidade enfrenta em termos de sustentabilidade ambiental e mudanças climáticas.

Antes de fazer tal correlação, abaixo se reproduz a história (PENSADOR, 2022):

> Um camponês e sua esposa tinham uma galinha, que todo dia, sem falta, botava um ovo de ouro. No entanto, motivados pela ganância, e supondo que dentro dela deveria haver uma grande quantidade de ouro, eles então resolveram sacrificar o pobre animal, para, enfim, pegar tudo de uma só vez.
> Então, para surpresa dos dois, viram que a ave em nada era diferente das outras galinhas de sua espécie. Assim, o casal de tolos, desejando enriquecer de uma só vez, acabou por perder o ganho diário que já tinha, de boa sorte, assegurado.

A história apresentada leva à reflexão de que a insensatez e a ganância podem colocar tudo a perder. A fábula de Esopo ensina especialmente sobre as consequências negativas que os sentimentos de cobiça e ganância podem ocasionar na vida das pessoas.

Trazendo essa história para os dias atuais, é possível fazer uma comparação. Se forem substituídos o "camponês e sua esposa" pela humanidade e a "galinha dos ovos de ouro" pelo Planeta Terra e todos os seus recursos, tem-se uma analogia aplicável à situação contemporânea envolvendo diversos problemas ambientais pelos quais o mundo passa.

Devido à ambição de extrair, o mais rápido possível, os recursos de uma floresta, madeireiros, empreiteiras e demais agentes, por exemplo, não titubeiam em derrubar dezenas de árvores na ânsia de obter lucros imediatos, mesmo que, para isso, tenham que sacrificar outras árvores menos vantajosas comercialmente, e também a flora e a fauna do local. Isso sem contar os recursos potenciais da floresta que poderiam ser usados na indústria farmacêutica, de cosméticos etc.

Esses madeireiros agem como o camponês que sacrifica a sua galinha dos ovos de ouro (que na analogia seria a floresta), a fim de obter mais rapidamente as riquezas que deseja. No entanto, se eles podem lograr algum êxito no curto prazo, como será o futuro das próximas gerações, nas quais se incluem seus próprios descendentes?

Se a exploração do recurso natural fosse cadenciada e racional, respeitando o ritmo da natureza, seria possível, no médio e longo prazos, amealhar diversas riquezas que atenderiam não apenas ao madeireiro e sua família, mas também aos seus descendentes. Da mesma forma, teria ocorrido com o camponês da fábula de Esopo se ele não tivesse sido tão precipitado e ganancioso.

O exemplo anterior mostrou o madeireiro que extrai de forma predatória a floresta para ilustrar a analogia com a fábula. Porém, poderia se aplicar a outras formas de extrativismo com grande impacto ambiental negativo, ou mesmo ações danosas provocadas por empresas, governos e pessoas.

Com a morte da "galinha dos ovos de ouro", o camponês e sua esposa ficaram desolados. Haviam perdido a fonte de sua riqueza.

E com a perda progressiva das florestas, de áreas de extração mineral, de cursos d'água que diminuem sua vazão, de animais que são extintos e de plantas que desaparecem, aos poucos o planeta vai "morrendo" e deixando de oferecer seus recursos à humanidade. De certa forma, o homem vai "matando" aos poucos a sua "galinha dos ovos de ouro".

No entanto, é necessário fazer um alerta: enquanto que na fábula de Esopo a perda da galinha de certa forma impactava apenas o camponês e sua família, a poluição e a escassez dos recursos do planeta significam um caos para a humanidade. Isso vai desde os efeitos das mudanças climáticas, com intensas secas e inundações em diversas partes do globo, à perda da qualidade de vida, com poluição da água, do ar e da terra.

Algumas pessoas, que poderiam muito bem ser chamadas de "anacrônicas", argumentam que não há como gerar riqueza e, ao mesmo tempo, preservar a natureza. Insistem que o maior cuidado com o meio ambiente implica necessariamente perdas econômicas. São pessoas que querem, a todo custo, sacrificar logo a "galinha dos ovos de ouro" para obter rapidamente sua riqueza, assim como fez o camponês da história de Esopo.

Mas uma pergunta não pode deixar de ser feita: qual mundo essas pessoas deixarão para seus filhos e netos?

É necessário entender que matar a sua "galinha dos ovos de ouro" será um "tiro no pé" do próprio homem.

O problema é que, de certa forma, isso já tem ocorrido. Regiões produtoras de grãos têm sofrido com estiagem prolongada de vários meses, o que faz com que se reduza a safra esperada e que se tenha grandes perdas econômicas. De acordo com *Folha de S. Paulo* (2022a), a seca do verão de 2021/2022 no Rio Grande do Sul levou à perda de parte considerável das plantações de soja e milho, além de atingir o cultivo de hortaliças e a produção de leite. Embora os especialistas atribuam a seca ao fenômeno La Niña, eles destacam que fatos como o aquecimento global e o desmatamento são ameaças já existentes e que trazem um cenário de mais dificuldade. Apontam, também, que o aquecimento global pode fazer com que eventos como secas e estiagem sejam potencializados.

Inundações cada vez mais frequentes têm exigido grandes somas de dinheiro para consertar os prejuízos e acolher as pessoas que perderam seus bens. E, assim como a seca, as enchentes também prejudicam a colheita de diversas lavouras do agronegócio. Um estudo alertou, segundo DW (2022), que o aquecimento global agravou enchentes na Alemanha. Os cientistas concluem que o aumento das temperaturas resulta em chuvas extremas, mais frequentes e mais intensas. Em julho de 2021, cerca de 190 pessoas morreram na Alemanha e outras 38 na Bélgica, quando chuvas torrenciais transformaram riachos em rios caudalosos que destruíram casas, rodovias e pontes, além de gerarem prejuízos de bilhões de euros.

Realmente, gerar riquezas e preservar a natureza requer um delicado "jogo de cintura". E uma das missões da Agenda ESG é exatamente contribuir para que os recursos do planeta sejam usados com sabedoria, tendo em vista a perenidade dos negócios no longo prazo. Ou seja, agir com paciência para obter, no tempo certo, os "ovos de ouro" dessa "galinha" chamada Planeta Terra.

O desafio será mudar a cultura de empresas e pessoas em relação à produção e consumo de bens e serviços. A maneira equivocada de produzir e consumir foi propagada ao longo de décadas, nas quais aspectos relacionados ao descarte e poluição eram relegados a segundo plano.

1.2 O *marketing* "vendendo" felicidade para as pessoas

Para as empresas do passado não bastava produzir. Era necessário estimular as pessoas a comprarem os seus produtos. E como fazer isso?

> Você será mais feliz usando um dos nossos produtos. Seja uma pessoa mais moderna e use as nossas roupas.

Este poderia ser um *slogan* de alguma organização da segunda metade do século XX. As pessoas precisavam ser persuadidas a respeito dos produtos. Elas precisavam ser convencidas de que seriam mais felizes ao comprar. Assim, surgia o consumidor moderno.

Se produzir e consumir bens e serviços são atividades humanas que estão presentes desde épocas mais remotas, o mesmo não se pode dizer de produzir e consumir bens e serviços de forma ilimitada (ALVES, 2017). Nesse sentido, Harman e Hormann (1998) destacaram que a explosão de consumo caracterizada pela compra de produtos, muitas vezes desnecessários, e pelo desperdício, gerando descarte de sobras e embalagens fizeram com que, em um determinado ponto da história, as pessoas deixassem de ser chamadas de cidadãos e passassem a ser chamadas de consumidores.

A alegoria da fumaça escapando pelas chaminés das fábricas e dos carros saindo das linhas de produção representava a prosperidade de uma nova sociedade pautada no consumo de diversos tipos de produtos que proporcionariam melhor qualidade de vida para todos. Era a sociedade consumista, base do sistema capitalista capitaneada pelos Estados Unidos e países da Europa Ocidental (ALVES, 2021).

Os profissionais de *marketing* perceberam que os produtos poderiam ser divulgados em meios de comunicação e atingirem um grande número de pessoas. Surgiram, então, campanhas publicitárias demonstrando a aplicação dos produtos e seus benefícios para o consumidor. E sempre com pessoas sorridentes e felizes com o novo produto. Era necessário causar empatia e, assim, fazer com que os indivíduos comprassem mais produtos.

De início, as campanhas foram veiculadas em programas de grande audiência nas emissoras de rádio. A vantagem desse meio de comunicação era que atingia os mais recônditos recantos de um país. Posteriormente, com o advento da televisão, acrescentaram-se as imagens ao som nas campanhas publicitárias. O consumidor podia ver os produtos serem usados por pessoas como ele. Era o reforço positivo necessário para alavancar as vendas.

Impulsionadas pelo desejo de usar produtos que lhes proporcionem maior qualidade de vida, que reduzam seus esforços ou que lhes confiram *status* e poder, as pessoas veem no hábito do consumo uma autoafirmação[1] e acreditam que dessa forma serão mais felizes.

Foi nesse contexto que as publicações sobre *marketing* se multiplicaram, promovendo debates entre os estudiosos da área e estabelecendo as diversas teorias que lhe dão suporte; dentre elas, uma sugerida por McCarthy (1960), classificando os instrumentos de *marketing* em 4 pês (produto, preço, praça, promoção), com ampla aceitação entre os estudiosos do tema.

Ainda na década de 1960, uma modificação conceitual do *marketing* é proposta por Kotler e Levy (1969). Os autores sugeriram uma ampliação no conceito, de forma a envolver o campo das ideias e as organizações sem fins lucrativos, como igrejas, escolas públicas, instituições de caridade, dentre outras. Dessa forma, a função do *marketing* englobaria a satisfação das necessidades dos consumidores, entendidos como os clientes atuais e potenciais, e a estratégia de comunicação ao mercado pelas organizações, pouco importando que estas tivessem motivação comercial ou que fossem sem fins lucrativos.

---

1. Necessidade íntima do indivíduo de se impor à aceitação do meio (MICHAELIS, 2016).

Já na década de 1980, com a estruturação do *marketing* como área de estudo científico, Kotler (1984) afirmou que ele é um processo relacionado com a criação e troca de produtos e serviços entre os indivíduos e as organizações, de forma que eles obtenham o que desejam e necessitam.

Esta afirmação sobre o *marketing* ainda apresentava uma interação bilateral; ou seja, de um lado, a satisfação das necessidades e desejos de pessoas, e de outro, a geração de lucro para as empresas. Ainda assim, era necessário que o conceito se ampliasse de forma a englobar estudos que promovessem a interação com a sociedade, da qual fazem parte as próprias pessoas e as empresas.

1.3 A ilusão das organizações: acreditar que os recursos do planeta fossem ilimitados

O aumento da produção das empresas foi acompanhado de uma intensiva divulgação dos produtos, destacando a importância do consumo para o bem-estar das pessoas. Propagandas do início da era do *marketing* – ou seja, da segunda metade do século XX – podem ser vistas em plataformas de compartilhamento de vídeos, como o YouTube.

As empresas enfatizavam que "consumir" representava um ato de escolha de bens e serviços que iriam tornar a vida das pessoas mais agradável, menos dispendiosa e que as fariam se sentir melhores com elas mesmas. Entendiam que, para que o consumidor tivesse esse "poder de escolha", era necessário que houvesse um leque disponível de produtos. Esse papel caberia a elas, as organizações, notadamente as empresas privadas. O objetivo era claro: oferecer mercadorias aos consumidores e que pudessem satisfazer aos seus anseios. E, ao mesmo tempo, contribuir para o sucesso empresarial, gerando lucros.

Dessa forma, o consumo de bens e serviços visando o bem-estar e qualidade de vida passou a se constituir um dos objetivos mais importantes para determinados indivíduos. Adquirir uma casa no centro da cidade ou em algum bairro luxuoso, comprar um carro novo ou mesmo ter condições de realizar viagens a passeio com a família na época das férias passou a ser visto, para muitas pessoas, como sinônimo de prosperidade e indicador de satisfação na vida.

Todavia, para que estivessem à disposição dos consumidores, era necessário que os inúmeros bens e serviços que existem na sociedade moderna fossem produzidos e ofertados. Para que uma pessoa comprasse uma casa, por exemplo, era preciso que antes alguém tivesse adquirido um terreno, comprado os materiais de construção, como tijolos, cimento, ferragens etc., contratado pessoas para realizar a obra e, finalmente, regularizado a documentação do imóvel em cartórios e com o governo. A obtenção dos materiais de construção da casa demanda necessariamente o uso de recursos naturais. O mesmo raciocínio vale para a compra do carro ou de qualquer outro bem, como roupas, calçados, alimentos etc.

Para as empresas, governos e sociedade, o objetivo primordial do mundo pós-guerra era a expansão da economia e a geração intensiva de produtos e empregos para uma população em crescimento. Naquela época, o meio ambiente era visto apenas como fonte das matérias-primas necessárias para a produção dos bens e serviços, e seus recursos eram tidos como inesgotáveis.

Em resumo, a fim de que as pessoas possam consumir bens e serviços é necessário que haja a produção e oferta deles; para que haja essa produção e oferta é mister o uso de recursos naturais. Em outras palavras, cada vez que o consumo aumenta, a produção e oferta também aumentam e, por conseguinte, haverá um maior uso dos recursos naturais para suprir essa produção e esse consumo. Essa combinação de fatores, quando acentuada, leva ao "consumismo", que é o consumo em níveis exagerados e até mesmo desnecessários (ALVES, 2022).

Sendo assim, os consumidores adquirem não somente bens que satisfaçam as necessidades básicas (o "consumo" propriamente dito), mas também compram produtos que são importantes não apenas para quem os consome, como também para causar "boa impressão" a outros atores sociais, o que, em certo grau, pode ser entendido como "consumismo". De acordo com o *Michaelis* (2016), consumismo pode ser caracterizado como a situação própria de países altamente industrializados, com base em produção e consumo ilimitados de bens duráveis, sobretudo artigos supérfluos.

A consequência natural desse excesso de produção e consumo é a degradação do meio ambiente (devido à extração de matéria-prima visando à produção) e a poluição (devido à própria produção e, também, ao descarte após o consumo).

Ter que produzir mais estimula que muitas empresas ajam conforme o camponês da fábula de Esopo, apresentada no início do capítulo, e tendam a extrair o máximo de recursos possíveis, sem se preocuparem com o seu esgotamento no futuro.

A diversidade de resíduos encontrados no meio ambiente também é, em parte, resultante do processo de obsolescência programada, que reduz o ciclo de vida dos produtos e estimula os consumidores a adquirirem uma versão mais nova deles. E a consequência natural é descartar o produto antigo, muitas vezes de forma indevida, gerando mais poluição.

Com tantos problemas advindos da produção e consumo, as organizações finalmente perceberam que os recursos naturais do planeta não eram ilimitados. No nível internacional, os países começaram a se reunir para discutir a problemática ambiental nos anos de 1970.

Esse "choque de realidade" nas empresas fez com que surgissem posteriormente modelos de práticas sustentáveis, como o "tripé da sustentabilidade", os Objetivos de Desenvolvimento Sustentável (ODS) e a própria Agenda ESG.

Exercícios

1) O que você acha da comparação com a fábula de Esopo ao fazer uma analogia entre a exploração predatória dos recursos naturais com a atitude do camponês ao sacrificar a sua galinha dos ovos de ouro?

2) Qual a sua opinião sobre a reflexão levantada pelo autor: qual mundo estas pessoas deixarão para seus filhos e netos?

3) Você sente os efeitos da mudança climática em sua cidade, região ou país? Destaque as situações mais comuns e que não eram frequentes anos atrás. Quais medidas têm sido tomadas para aplacar os seus efeitos adversos?

4) O *marketing* pode ser entendido como uma moeda de dois lados. Num verso dessa "moeda" estão os aspectos positivos como o fornecimento de produtos e serviços que tornam a vida do ser humano mais agradável e confortável. Do outro "lado", o mesmo *marketing* pode promover o consumismo e, por isso mesmo, estimular as empresas a explorarem de forma predatória os recursos naturais. Como saber equilibrar na balança essas duas situações, de forma a tirar proveito do conforto proporcionado pelos produtos e serviços sem abrir mão do bem-estar social e ambiental?

5) Você já viu propagandas antigas, por exemplo, das décadas de 1960 e 1970? Qual a sua impressão sobre elas em termos de anúncio de produtos? E em relação à atuação dos atores dessas campanhas publicitárias?

6) Qual a sua opinião sobre a tentativa de as empresas persuadirem o consumidor a comprar seus produtos, mesmo que ele não tenha necessidade deles?

7) Qual a sua opinião sobre as pessoas que se deixam levar pelo consumismo adquirindo produtos que não precisam?

8) Quando você compra um produto ou adquire um serviço, o que leva em consideração? O preço é o atributo mais importante, ou você também considera atributos como qualidade, *design*, conforto, cores, sustentabilidade ambiental, nome da marca etc.?

2
O falso dilema: economia *versus* ecologia

2.1 O papel das empresas no desenvolvimento

Um dos primeiros indícios do dilema entre produção de bens e proteção dos recursos naturais surgiu no início da década de 1960, após a intensificação da produção e consumo de produtos e serviços.

Em 1962 foi publicado o livro *Silent Spring* (Primavera silenciosa), de Rachel Carson, que expunha os riscos em relação ao DDT, um tipo de inseticida. O livro teve grande repercussão na opinião pública e fez com que houvesse intensa inspeção de terras, mares, rios e ares por parte de muitos países, gerando preocupação das pessoas em relação aos danos causados ao meio ambiente e evidenciando a poluição como um dos grandes problemas ambientais do planeta (DIAS, 2011). Em 1968 foi criado o Clube de Roma com o objetivo de estudar o impacto global das interações dinâmicas entre a produção industrial, a população, o dano no meio ambiente, o consumo de alimentos e o uso de recursos naturais. Em 1972 ocorreu a Conferência das Nações Unidas sobre o Meio Ambiente Humano em Estocolmo,

Suécia, e que contou com representantes de 113 países, 250 organizações não governamentais e vários organismos da ONU (SEIFFERT, 2014).

Apesar disso, de acordo com Portillo (2010), foi somente a partir da década de 1970 que se iniciou a internalização das questões ambientais nas organizações, motivada em muitos casos pela pressão de novas normas e exigências ambientais. Outra pressão foi a advinda de movimentos ambientalistas, que faziam denúncias, manifestações e boicotes, e ainda, pelos próprios empresários que se mostravam mais conscientes em termos de meio ambiente e adotavam iniciativas nessa área.

Em termos globais, a inserção definitiva das questões ambientais como limitante ao desenvolvimento ocorreu com a divulgação do relatório *Nosso futuro comum*, em 1987, pela Comissão Mundial de Meio Ambiente. Também foi importante a realização da Conferência Mundial para o Desenvolvimento e o Meio Ambiente em 1992, no Rio de Janeiro, na qual o conceito de desenvolvimento sustentável foi apresentado como uma das saídas para o impasse decorrente da necessidade de continuar o crescimento econômico e considerar a possibilidade de esgotamento dos recursos naturais (DIAS, 2014).

Responsáveis, em grande parte, pela geração de emprego, oferta de produtos e serviços, além de pagamento de impostos, as empresas têm papel fundamental na movimentação da economia das cidades, estados e países e, por isso, muitas vezes elas eram consideradas como intocáveis "benfeitoras" da sociedade. Todavia, se por um lado as empresas têm essa inegável importância social, por outro lado, elas são, por diversas vezes, acusadas de exploração de empregados em condições de trabalho desumanas, desenvolvimento de produtos oriundos de extração predatória de matéria-prima, ocasionando diversos impactos ambientais negativos, oferta de produtos desnecessários à vida das pessoas, além de sonegação de impostos e corrupção.

O maior acesso à informação devido ao avanço das tecnologias, sobretudo a internet, tem proporcionado grande visibilidade às organizações privadas. Isso representa um fator positivo para elas, pois facilita a divulgação de seus produtos, serviços e marcas; todavia, em outra mão, torna a empresa mais vulnerável à opinião pública no que concerne às suas práticas e ações.

Elevar o nível de consciência ecológica dos tomadores de decisões nas empresas representa um desafio, pois as ações voltadas para as questões ambientais estão mais focadas no ambiente interno das organizações, prioritariamente para processos e produtos.

2.2 Economia e ecologia andam de "mãos dadas"

De um lado estão as organizações com suas necessidades inadiáveis de maior participação em fatias de mercado, melhoria de imagem institucional e busca de lucro; do outro lado estão as pessoas que necessitam do trabalho fornecido pelas empresas para garantir seus salários e, com isso, sua própria sobrevivência. Além disso, as pessoas precisam atender às suas necessidades, comprando os produtos fabricados pelas empresas. E, por fim, pagando os impostos e recebendo em troca a infraestrutura e diversos serviços proporcionados pelos governos (ALVES, 2016).

Entre os dois agentes (empresas e pessoas) está o meio ambiente, que tem a função de proporcionar suporte à vida, fornecer matéria-prima para as empresas e assimilar resíduos gerados pelos processos produtivos e pelos consumidores. Algumas décadas atrás, obter matérias-primas do meio ambiente e usá-lo como depositário de resíduos não era problema. Julgava-se que os recursos naturais eram inesgotáveis. Hoje, verifica-se que as questões ambientais têm assumido papéis importantes nunca antes alcançados na história da humanidade. A problemática ambiental não se limita tão somente à falta de matérias-primas para as empresas ou acúmulo de resíduos sólidos urbanos, mas também à geração de diversos outros problemas. A alteração das condições naturais do planeta, graças às constantes intervenções humanas, tem causado profundos desequilíbrios no clima, provocando situações incomuns em diversas partes do globo terrestre.

A solução para a problemática ambiental passa pela responsabilidade das empresas em buscar fontes de matérias-primas renováveis, fabricar produtos usando energias limpas e cujos resíduos possam ser assimilados pelo meio ambiente. Além disso, as empresas passam a agir com responsabilidade social e ambiental, contribuindo para o progresso da sociedade e para a proteção do meio ambiente. Torna-se competitivamente insustentável a existência de empresas que não operem buscando esses tipos de responsabilidades. Todos esses temas fazem parte da chamada Agenda ESG que, cada vez mais, ganha relevância no mundo empresarial.

A responsabilidade ambiental também passa pela educação e consciência das pessoas. Se as empresas poluem o meio ambiente com seus produtos tão necessários à vida moderna é porque existe o consumidor que os adquire. Exigir que as empresas tenham mais responsabilidade social e ambiental também é função dos consumidores, que primeiramente devem fazer a sua parte nesse processo.

Por fim, destaca-se que um mediador entre as empresas e as pessoas na questão do consumo social e ambientalmente responsável é o governo. Por meio de leis e regulamentações, o Estado é capaz de interferir em favor de produtos mais "amigáveis" ao meio ambiente, que são conhecidos como produtos verdes ou produtos sustentáveis. Contudo, esses instrumentos legais nem sempre são eficientes, restando ao consumidor desempenhar o seu papel, que é exigir o compromisso social e ambiental das empresas e, se for necessário, exercer também pressão sobre os governantes eleitos por ele.

2.3 A inserção da sustentabilidade ambiental no dia a dia das empresas

O esgotamento dos recursos naturais e as pressões para adquirir produtos ecologicamente responsáveis farão com que os mercados migrem da produção convencional para uma produção mais sensível às questões ambientais. Alguns mercados demorarão anos ou talvez décadas para efetuar totalmente esta mudança, enquanto outros já migraram forçosamente.

O ritmo da mudança em cada mercado dependerá do grau que as pressões exercem sobre ele e também da disponibilidade dos insumos existentes para se efetuar a mudança necessária. Em alguns mercados pode não haver disponibilidade de matérias-primas para a criação de um mercado totalmente "verde" e, assim, este mercado desaparecerá com o esgotamento das fontes naturais. O serviço ou produto oferecido por esse mercado terá que ser atendido, posteriormente, por algum produto substituto viável para o consumidor no atendimento de suas necessidades.

O consumo consciente pode ser considerado uma função da prosperidade de um país ou de um povo, pois o interesse pelas questões ambientais surge quando as necessidades básicas do indivíduo, como moradia, alimentação e emprego, tiverem sido satisfeitas. Essa afirmação é corroborada pelo fato de que o consumo sustentável atingiu seu nível mais elevado em países desenvolvidos como a Suécia e a Alemanha.

A decisão do consumidor tem grande impacto sobre o meio ambiente e a sociedade. Produtos oriundos de atividades agrícolas e pecuárias que provocaram desmatamento, por exemplo, só conseguem se estabelecer no mercado porque existe uma demanda de consumidores dispostos a comprar tais produtos, sem se preocuparem se a procedência deles é responsável.

2.4 Motivação ambiental ou econômica?

Não se deve esperar que as empresas concentrem todos os seus esforços no sentido de desenvolver e promover um produto verde e que se esqueçam dos demais atributos que são importantes para os consumidores. Agir dessa forma seria fatal para as empresas verdes e, certamente, elas perderiam mercado para os concorrentes não verdes.

Aumentar e manter sua fatia de mercado constitui apenas um dos inúmeros benefícios da nova postura ambiental pelas empresas. Introduzir boas práticas ambientais na organização, além de ser a forma correta de se trabalhar, também ajuda a melhorar a imagem institucional de suas marcas e a economizar dinheiro, principalmente quando se otimiza o uso de matérias-primas e se reaproveitam os recursos. Esse pensamento vem ao encontro das práticas ESG.

Considerando-se que todos os atributos de dois ou mais produtos de marcas concorrentes sejam semelhantes, seria possível dizer que a empresa com atributo ou qualidade "ambiental" mais perceptível ao consumidor tenha boas chances de ganhar sua preferência. Dessa forma, a "qualidade ambiental" de um produto pode, muitas vezes, servir como fator de desempate no processo de tomada de decisão de compra dos consumidores. Além disso, as empresas não querem que o consumidor associe a sua imagem institucional com produtos que causem grandes impactos negativos ao meio ambiente, o que certamente provocará perda de competitividade em alguns mercados. E isso também é considerado ao se pensar as estratégias da Agenda ESG.

A origem etimológica dos termos "ecologia" e "economia" é a mesma. Ambos vieram da palavra grega *oikos*, que significa "casa" e, em um sentido mais amplo, "planeta" (a casa dos seres vivos).

A "ecologia" pode ser entendida como o estudo das interações entre os organismos e seu ambiente; ou seja, o "estudo da casa" (*oikos* = casa; *logos* = estudo) ou, de forma mais ampla, o "estudo do lugar onde se vive". Já a "economia" representa a análise de produção, distribuição e consumo de bens e serviços; isto é, a "gestão ou administração da casa" (*oikos* = casa; *nomos* = gestão, administração). De forma mais ampliada, representaria a "gestão do lugar onde se vive".

Quando se analisa a importância dos atributos de um produto, uma estratégia de *marketing* interessante para as empresas verdes é conseguir unir aspectos econômicos e ambientais na elaboração e comercialização dos produtos.

É compreensível que os consumidores tenham mais motivação com relação ao meio ambiente quando o desenvolvimento dos produtos vem acompanhado de ganhos econômicos. Mesmo que o consumidor venha a pagar um preço a mais (sobrepreço) pelo produto verde, ele tem uma expectativa de, a médio prazo, recuperar o investimento com a melhor eficiência desse bem.

Sempre que o produto verde conseguir unir os aspectos ambientais e econômicos em sua produção, comercialização e descarte, a empresa terá vantagens competitivas no mercado.

Um exemplo claro é no momento da escolha de um eletrodoméstico quando, ao se optar por um modelo classificado com menor consumo, *se consome menos energia* (aspecto ambiental) e ao mesmo tempo *se paga menos energia* (aspecto econômico). O consumidor tem condições de optar por produtos que consomem menos energia e que, portanto, serão mais econômicos e "verdes". Dessa forma, embora o atributo ambiental seja importante, o maior motivador para muitos consumidores, sem dúvida, é o atributo econômico.

Diversos tipos de empresa se apoiam no uso de tecnologias mais modernas para otimizar o uso de matérias-primas no sentido de obterem ganhos econômicos. Na indústria moveleira, por exemplo, máquinas computadorizadas fazem cortes precisos e otimizados de chapas de madeira, bastando, para isso, que sejam informadas as medidas das peças que se deseja cortar. Para a empresa, isso representa o uso mais racional do recurso natural, refletindo em ganhos econômicos e ambientais.

Ao mesmo tempo em que a empresa é influenciada pelo mercado, ela também pode exercer influência sobre ele. Em maior ou menor grau, isso pode resultar em ganhos para as empresas, dependendo de uma série de fatores, como porte da empresa, desempenho no mercado, contatos políticos, relações com entidades da sociedade civil etc. Estes fatores representam as condições microambientais da empresa e constituem as forças e habilidades que ela usa para se adaptar ao mercado e, ao mesmo tempo, influenciá-lo.

Ao estar atenta para suas relações externas, conhecendo seu microambiente, a empresa poderá definir sua estratégia competitiva e estabelecer uma série de atividades que valorizem sua inserção no mercado, diferenciando-a das demais.

E isso tem a ver com a "governança corporativa", um dos pilares da Agenda ESG. Quanto mais robusta for a governança em uma empresa, mais fortalecidos serão os laços dela com os *stakeholders*, principalmente os de atuação na área ambiental e social.

Em relação ao desenvolvimento e consolidação de um mercado verde, podem-se considerar os seguintes aspectos:

a) As questões ambientais cada vez mais fazem parte da agenda corporativa das organizações privadas e públicas e norteiam suas condutas estratégicas, seja pela mudança em seu ambiente interno, como nos casos de otimização de processos e recursos como água, energia etc., seja pelo desenvolvimento de produtos verdes que irão impactar o seu ambiente externo.

b) A organização privada, principalmente, ao participar de um mercado verde busca não apenas melhorar a sua imagem institucional atrelando-a ao ambientalismo, mas porque objetiva obter maior fatia de mercado ou mesmo manter as vendas em determinada região ou país, que podem passar a fazer novas exigências atreladas às questões ambientais.

c) A empresa que faz parte de um mercado verde não pratica o *greenwashing* – ou seja, a "lavagem verde" –, pois pauta sua conduta estratégica por melhorias contínuas em seus processos e produtos, e a otimização dos recursos naturais é parte indispensável nesse conjunto. E para isso, desenvolver uma Agenda ESG é fundamental para a credibilidade perante os investidores e o mercado.

Exercícios

1) Qual a sua opinião sobre o aparente dilema entre produção de bens e proteção dos recursos naturais? Para você é possível produzir, ganhar dinheiro e, ao mesmo tempo, proteger a natureza? Você conhece exemplos de empresas que trabalham nesse sentido?

2) O estopim para as discussões a respeito dos problemas ambientais tradicionalmente é conferido à publicação, em 1962, do livro *Silent Spring* (Primavera silenciosa), de Rachel Carson, e que expõe os riscos em relação ao DDT, um tipo de inseticida. Você se preocupa com o uso de agrotóxicos na produção de alimentos e bebidas que ingere? Você procura se informar sobre os possíveis malefícios para a sua saúde?

3) O capítulo apresenta o seguinte texto: "Algumas décadas atrás, obter matérias-primas do meio ambiente e usá-lo

como depositário de resíduos não era problema. Julgava-se que os recursos naturais eram inesgotáveis. Hoje, verifica-se que as questões ambientais têm assumido papéis importantes nunca antes alcançados na história da humanidade". Na sua opinião, por que será que as empresas demoraram tanto a perceber a dimensão da problemática ambiental?

4) Como os consumidores podem pressionar as empresas a oferecerem produtos mais sustentáveis? Você conhece exemplos nesse sentido, mesmo que sejam de outros países?

5) Considere o seguinte texto do capítulo: "É compreensível que os consumidores tenham mais motivação com relação ao meio ambiente quando o desenvolvimento dos produtos vem acompanhado de ganhos econômicos. Mesmo que o consumidor venha a pagar um preço a mais (sobrepreço) pelo produto verde, ele tem uma expectativa de, a médio prazo, recuperar o investimento com a melhor eficiência do produto". Você já comprou algum produto sustentável (mesmo que fosse mais caro), pois tinha a expectativa de ter algum ganho econômico, como no caso de redução na conta de energia? E com a expectativa de tal produto ser melhor para a saúde, como no caso dos produtos orgânicos?

6) Como a tecnologia pode auxiliar na eficiência dos processos nas empresas, fabricação de produtos mais sustentáveis e redução de resíduos?

3
Como surge o ESG?

3.1 Não existe planeta "b"

Os avanços na área da astronomia permitiram à ciência explorar diversos cantos da Via Láctea e até externamente a ela, principalmente por meio de telescópios espaciais como o Hubble, lançado em 1990, e o James Webb, que chegou ao espaço em 2021. Mas, se os instrumentos permitiram observar galáxias e processos de formação de estrelas e planetas distantes, ao mesmo tempo deixaram evidente a dificuldade inicial de se colonizar qualquer um desses corpos celestes. Alguns empecilhos patentes são a grande distância deles da Terra, bem como a composição de sua atmosfera, por exemplo.

Embora as observações e os estudos apontem para a esperança de um dia encontrar um planeta com condições de habitabilidade humana semelhantes à da Terra, no momento não existe um "planeta b". O "planeta azul", morada dos seres humanos, animais e plantas ainda é o único disponível para a vida da forma como se conhece.

Por isso, mais do que nunca, é necessário cuidar dele como a única forma de garantir a sobrevivência dos seres vivos. E, adicionalmente, o exemplo da fábula de Esopo, da "galinha dos ovos de ouro", apresentada no capítulo 1, é também a única maneira de se obter os recursos e as riquezas necessários para a evolução da sociedade humana.

As diversas conferencias mundiais do meio ambiente e o reconhecimento de que os recursos do planeta não são infinitos fizeram emergir diversas ideias novas e que foram precursoras do ESG. Alguns dos eventos mais importantes nessa trajetória foram a Rio-92 e sua Agenda 21, o tripé da sustentabilidade, e os Objetivos de Desenvolvimento Sustentável (ODS).

3.2 Rio-92 e Agenda 21

Em junho de 1992 ocorreu na cidade do Rio de Janeiro a Conferência das Nações Unidas sobre o Meio Ambiente e o Desenvolvimento, também conhecida como Eco-92 ou Rio-92. Era a segunda vez que chefes de Estado se reuniam para debater problemas ambientais mundiais, vinte anos depois da conferência pioneira realizada em junho de 1972 em Estocolmo, capital da Suécia.

No hiato entre as duas conferências, um importante documento foi criado em 1987 pelas Nações Unidas: o Relatório Brundtland ou Nosso Futuro Comum. Este relatório apresentou a definição de desenvolvimento sustentável, que ganhou destaque na Rio-92: "desenvolvimento sustentável é aquele que atende às necessidades do presente sem comprometer a possibilidade de as gerações futuras atenderem às suas necessidades" (ANA, 2022).

Na Rio-92, representantes de 178 países se reuniram para decidir que medidas tomar para diminuir a degradação ambiental, tomando por base o Relatório Brundtland, publicado anos antes. Além da introdução do conceito de desenvolvimento sustentável, os governos discutiram um modelo de crescimento econômico menos consumista e mais adequado ao equilíbrio ecológico. Ao contrário da conferência anterior, a Rio-92 teve presença maciça de chefes de Estado, denotando a importância atribuída à questão ambiental no início da década de 1990.

Um dos principais documentos elaborados na Rio-92 foi a Agenda 21. Por meio dela se estabeleceu a importância de cada país em se comprometer a refletir, global e localmente, sobre a forma pela qual os diversos setores da sociedade poderiam cooperar no estudo de soluções para os problemas ambientais. Nesse rol se incluíam os governos, as empresas e as organizações não governamentais. Assim, cada país ficou com o dever de desenvolver sua própria Agenda 21 e criar condições para que ela fosse aplicada.

Com a Agenda 21 buscava-se repensar o planejamento, construindo politicamente as bases de um plano de ação e de um planejamento participativo em âmbito global, nacional e local, de forma gradual e negociada. Sua meta era criar um novo paradigma econômico e civilizatório. Nos anos posteriores foram feitos ajustes e revisões no documento. Primeiro, com a conferência Rio+5, realizada em junho de 1997 em Nova York, na sede da ONU. Em seguida, em 2000, com a adoção de uma agenda complementar intitulada Metas do desenvolvimento do milênio, dando mais ênfase às políticas de globalização e erradicação da pobreza e da fome. E, por fim, outras revisões foram efetuadas na Cúpula de Johannesburgo, África do Sul, em 2002.

A estrutura básica da Agenda 21 contempla temas organizados em 41 capítulos e dispostos em um preâmbulo e quatro seções: dimensões sociais e econômicas; conservação e gestão dos recursos para o desenvolvimento; fortalecimento do papel dos grupos principais; e meios de execução.

A intensificação das discussões no nível global das questões ambientais na década de 1980 e que culminou com a Rio-92, em 1992, contribuíram para o desenvolvimento de diversas teorias na área de meio ambiente. Uma das mais conhecidas, e largamente aceita na área, é o tripé da sustentabilidade.

3.3 Tripé da sustentabilidade

Um pouco antes da Rio-92, sustentabilidade ambiental já era um tema abordado no mundo corporativo. O consultor britânico John Elkington foi um dos precursores do estudo da responsabilidade social e ambiental nas grandes empresas. Ele fundou em 1987 a SustainAbility®, uma empresa de consultoria que, já naquela época, orientava empresas como Hewlett Packard® e Microsoft® a produzir com responsabilidade socioambiental. Ainda na década de 1980, Elkington publicou o livro *Guia do consumidor verde*, que se tornou uma referência da área e, não sem razão, virou um *best-seller*. A obra lançou a tendência de orientar os consumidores a escolher produtos de empresas ecologicamente responsáveis, fazendo com que virassem clientes mais exigentes em termos de sustentabilidade ambiental.

No entanto, provavelmente John Elkington seja mais conhecido mundialmente por outro livro intitulado *Cannibals with forks: the triple bottom line of 21st century business*, publicado originalmente em 1997. Em português a obra recebeu o nome de *Canibais com Garfo e Faca*.

Nessa época, Elkington buscava ferramentas para fazer "medições" sobre sustentabilidade. No livro, o autor britânico criou uma nova estrutura para medir o desempenho das empresas e demais organizações e a chamou de Triple Bottom Line (TBL) ou tripé da sustentabilidade. O TBL se diferencia de outros modelos de gestão, pois inclui as dimensões ambientais e sociais, além das medidas já tradicionais de lucro. Nesse modelo é importante reconhecer os impactos negativos causados pela atividade da empresa e trabalhar para que eles sejam mitigados, sempre levando em consideração os aspectos econômicos, sociais e ambientais. Esses três pilares também são conhecidos como os 3 pês: *People, Planet and Profit* (pessoas, planeta e lucro).

A analogia do tripé facilita bastante o entendimento do modelo. Assim como o tripé convencional precisa de três pilares para se manter em pé, o tripé da sustentabilidade só funciona se seus três alicerces estiverem em equilíbrio.

Para Dias (2011), do ponto de vista econômico, as empresas precisam ser viáveis. Elas precisam levar em consideração a rentabilidade; ou seja, dar retorno ao investimento realizado pelo capital privado. Em termos sociais, a organização deve proporcionar melhores condições de trabalho aos seus empregados, procurando contemplar a diversidade cultural existente na sociedade em que atua e proporcionar oportunidades às minorias.

Em relação ao aspecto ambiental, é necessário que a organização busque a ecoeficiência dos seus processos produtivos, adotando a produção mais limpa e oferecendo condições para o desenvolvimento de uma cultura ambiental organizacional. É importante que as empresas tenham uma postura de responsabilidade ambiental, estando atentas a fatores que possam levar à contaminação e poluição do ambiente em que estão inseridas (DIAS, 2011).

Os três elementos que fazem parte do tripé da sustentabilidade irão nortear as empresas em busca do que consideram sua responsabilidade socioambiental. Logicamente, isso irá variar de empresa para empresa. De acordo com Alves et al. (2011a), muitas empresas têm buscado processos e insumos menos agressivos à natureza, como energias limpas (solar, eólica e geotérmica). Por sua vez, outras desenvolvem atividades buscando a proteção sustentável por meio da certificação ambiental. Também há aquelas que oferecem produtos livres de agrotóxicos e, para isso, obtêm a certificação orgânica. E, por fim, há empresas que vendem produtos cuja matéria-prima é de origem florestal e têm a certificação florestal.

O modelo do tripé da sustentabilidade alicerçado em aspectos ambientais, sociais e econômicos foi a base de diversos outros modelos e iniciativas em prol do meio ambiente. Uma dessas iniciativas foram os Objetivos do Desenvolvimento Sustentável (ODS).

3.4 Objetivos do Desenvolvimento Sustentável (ODS) e Agenda 2030

Em setembro de 2015, 193 países participantes da Assembleia Geral das Nações Unidas acordaram uma coleção de 17 metas globais intituladas Objetivos de Desenvolvimento Sustentável (ODS). Os ODS são parte da Resolução 70/1, nomeada Transformando o nosso mundo: a Agenda 2030 para o Desenvolvimento Sustentável, e que depois foi resumida para Agenda 2030.

Os ODS representam um esforço conjunto de países, empresas, instituições e sociedade civil. Eles buscam assegurar os direitos humanos, acabar com a pobreza, lutar contra a desigualdade e a injustiça, alcançar a igualdade de gênero e o empoderamento de mulheres e meninas, agir contra as mudanças climáticas, bem como enfrentar os demais desafios do tempo atual. Nesse sentido, o setor privado tem um papel essencial como grande detentor do poder econômico, propulsor de inovações e tecnologias, influenciador e engajador dos mais diversos públicos: governos, fornecedores, colaboradores e consumidores (PACTO GLOBAL, 2022a).

O parágrafo 54 da Resolução A/RES/70/1 da Assembleia Geral das Nações Unidas contém os objetivos e metas. Os objetivos são amplos e interdependentes, mas cada um deles tem metas específicas a serem alcançadas, perfazendo um total de 169. Atingir a totalidade dessas metas indicaria a realização de todos os 17 objetivos do desenvolvimento sustentável.

Os temas principais dos ODS envolvem questões de desenvolvimento social, ambiental e econômico, incluindo pobreza, fome, saúde, educação, aquecimento global, igualdade de gênero, água, saneamento, energia, urbanização, meio ambiente e justiça social.

Há um certo pessimismo de setores da sociedade em relação ao potencial para alcançar os ODS, especialmente por causa das estimativas do custo para se concretizar plenamente todos eles. Todavia, segundo Osgood-Zimmerman et al. (2018), algum progresso já foi obtido em 2018. Os autores relatam que um número menor de crianças africanas com menos de 5 anos sofreu de desnutrição crônica e debilitação. Apesar disso, no mesmo estudo, eles concluem que é improvável que haja um fim para a desnutrição até o ano de 2030.

Uma das principais características dos ODS é ser um plano de ação global para eliminar a pobreza extrema e a fome, oferecer educação de qualidade ao longo da vida para todos, proteger o planeta e promover sociedades pacíficas e inclusivas até 2030.

Os ODS também incluem novos objetivos e metas relacionados à proteção da criança e do adolescente, à educação infantil e à redução das desigualdades. Essa nova agenda apresenta uma oportunidade histórica para melhorar os direitos e o bem-estar de cada criança e cada adolescente, especialmente os mais desfavorecidos, e garantir um planeta saudável para as meninas e os meninos de hoje e para as futuras gerações (UNICEF, 2022).

O Brasil é um dos países signatários dos Objetivos de Desenvolvimento Sustentável (ODS). Os 17 objetivos, traduzidos para o português e que fazem parte da Agenda 2030 brasileira, são (ONU, 2022):

1) Erradicação da pobreza.

2) Fome zero e agricultura sustentável.

3) Saúde e bem-estar.

4) Educação de qualidade.

5) Igualdade de gênero.

6) Água potável e saneamento.

7) Energia limpa e acessível.

8) Trabalho decente e crescimento econômico.

9) Indústria, inovação e infraestrutura.

10) Redução das desigualdades.

11) Cidades e comunidades sustentáveis.

12) Consumo e produção responsáveis.

13) Ação contra a mudança global do clima.

14) Vida na água.

15) Vida terrestre.

16) Paz, justiça e instituições eficazes.

17) Parcerias e meios de implementação.

São 17 objetivos ambiciosos e interconectados que abordam os principais desafios de desenvolvimento enfrentados pelas pessoas em diversos países, inclusive no Brasil.

Por sua vez, a CNM (2022), enfatizou que a Agenda 2030 está pautada em cinco áreas de importância, os chamados 5 pês:

1) Pessoas: erradicar a pobreza e a fome de todas as maneiras e garantir a dignidade e a igualdade.

2) Prosperidade: garantir vidas prósperas e plenas, em harmonia com a natureza.

3) Paz: promover sociedades pacíficas, justas e inclusivas.

4) Parcerias: implementar a Agenda por meio de uma parceria global sólida.

5) Planeta: proteger os recursos naturais e o clima do planeta para as futuras gerações.

As conferências mundiais do meio ambiente, como a de Estocolmo, na Suécia, em 1972, e a do Rio de Janeiro, em 1992, bem como as conferências posteriores, ajudaram a levar as discussões sobre sustentabilidade ambiental em nível de países. Isso foi potencializado com o surgimento dos ODS e da Agenda 2030 em 2015.

Paralelamente a esses eventos, o ambiente corporativo também precisou se reinventar e discutir sustentabilidade, tanto no nível interno como no externo, e, para isso, um dos pioneiros nesse sentido foi o modelo de medição de sustentabilidade proposto por John Elkington, o *Triple Bottom Line* (TBL) ou tripé da sustentabilidade. O TBL pode ser visto, de certa maneira, como um dos precursores do ESG.

3.5 Surgimento e desenvolvimento do ESG

O termo ESG tem sido usado para se referir a práticas empresariais e de investimento que se preocupam com critérios de sustentabilidade, e não apenas com o lucro no mercado financeiro. A sigla ESG, em inglês, significa *Environmental, Social and Governance*, e pode ser traduzida, para o português, como ambiental, social e governança (por isso, também é conhecida como ASG). A adoção da agenda ESG representa uma verdadeira mudança de paradigma nas relações entre as empresas e seus investidores, já que as melhores práticas tradicionalmente associadas à sustentabilidade passaram a ser consideradas como parte da estratégia financeira das empresas.

Segundo o Corporate Finance Institute (2022), ESG é uma abordagem para avaliar até que ponto uma organização trabalha em prol de objetivos sociais que vão além do papel de uma corporação para maximizar os lucros em nome de seus acionistas. Geralmente, esses objetivos, na perspectiva ESG, incluem trabalhar para atingir um determinado conjunto de metas ambientais, bem como um conjunto de temas relacionados ao apoio a certos movimentos sociais. Por fim, há um terceiro conjunto de metas que dizem respeito ao fato de a corporação ser governada de forma consistente com os objetivos do movimento de diversidade, equidade e inclusão.

O termo foi cunhado em 2004 em uma publicação pioneira do Banco Mundial em parceria com o Pacto Global da Organização das Nações Unidas (ONU) e instituições financeiras de 9 países, chamada Who cares wins (ganha quem se importa). Apesar disso, o ESG somente ganhou notoriedade anos depois de sua criação.

De acordo com a *Exame* (2022a), o documento é resultado de uma provocação do então secretário-geral da ONU, Kofi Annan, a 50 CEOs[2] de grandes instituições financeiras do mundo. A proposta era obter respostas dos bancos sobre como integrar os fatores ESG ao mercado de capitais.

Segundo relatório da PwC, até 2025, 57% dos ativos de fundos mútuos na Europa estarão em fundos que consideram os critérios ESG, o que representa US$ 8,9 trilhões, em relação a 15,1% no fim de 2021. Além disso, 77% dos investidores institucionais pesquisados pela PwC disseram que planejam parar de comprar produtos *não ESG* nos

---

2. CEO significa Chief Executive Officer ou diretor-executivo/diretora-executiva. É o termo empregado para definir a pessoa que está por trás da direção geral ou presidência da empresa, ocupando o topo da hierarquia empresarial. O trabalho do CEO envolve tomar decisões sobre todos os níveis da organização (UOL, 2022a).

próximos dois anos. No Brasil, fundos ESG captaram R$ 2,5 bilhões em 2020, sendo que mais da metade da captação veio de fundos criados nos 12 meses anteriores. Esse levantamento foi feito pela Morningstar e pela Capital Reset (PACTO GLOBAL, 2022b).

De acordo com a *Exame* (2022a), do ponto de vista financeiro, a indústria ESG também revela um potencial em ascensão. Os fundos com premissas socioambientais já atingiram a marca de 1 trilhão de dólares. O montante foi alcançado em 2020, ano em que os fundos ESG cresceram quase o dobro do restante do mercado, à medida que crescia o interesse por investimentos de menor impacto e maior resiliência, de acordo com levantamento da Morningstar. A mesma pesquisa da PwC sugere que mais de 70% dos investidores iriam abandonar produtos fora da ordem ESG até 2022.

A onda que atingiu primeiro a Europa e os Estados Unidos também chegou ao Brasil, ainda que em menor escala. De acordo com dados da Associação Brasileira das Entidades dos Mercados Financeiro e de Capitais (Anbima), os fundos brasileiros que seguem os padrões de sustentabilidade e governança dobraram de tamanho no último ano e chegam a 1 bilhão de reais (EXAME, 2022a).

3.6 O ESG como nova forma de fazer negócios

Se o tripé da sustentabilidade proposto por John Elkington preconizava o alicerce composto de ambiental, social e econômico, no ESG a variável econômica é substituída pela governança. Mais do que a simples troca de uma palavra, o ESG representa mudança de postura das empresas para enfrentar os desafios sociais e ambientais apresentados em um mundo com constantes transformações.

O ESG é usado como uma espécie de métrica para nortear boas práticas de negócios. Alguns aspectos observados quando se fala em ESG são os impactos ambientais e sociais da cadeia de negócios e as emissões de carbono. Também é objeto de atenção a gestão dos resíduos e rejeitos oriundos de determinada atividade, as questões trabalhistas e de inclusão das pessoas nas empresas, bem como a metodologia de contabilidade, dentre outras.

Esses aspectos são potencializados em um contexto em que grandes empresas têm suas ações listadas em bolsas de valores e há cobrança de acionistas e fundos de investimentos por práticas que garantam a sobrevivência de uma empresa em longo prazo. É um desafio que faz com que as organizações busquem a agenda ESG como forma de comprovar sua proatividade nos temas supracitados.

As grandes instituições têm interesse na rentabilidade das empresas das quais são acionistas, e por isso os investidores passaram a aumentar a cobrança pela adoção e divulgação de práticas de negócios baseadas em ESG, já que a falta de compromisso ambiental tem sido vista como um risco crescente para a sustentabilidade do sistema financeiro global (ECYCLE, 2022).

Empresas e investidores antenados nas novas tendências perceberam que a sobrevivência de seus negócios depende da continuidade do bem-estar da espécie humana, fortemente ameaçada pela crise climática. Ao mesmo tempo, os pequenos investidores, cada vez mais comuns nas bolsas de valores pelo mundo, analisam esses relatórios e as estratégias de ESG adotadas pelas empresas para escolher qual o direcionamento de seus aportes.

A situação atual também empodera os consumidores como nunca antes. Eles podem abandonar decisões de compra por produtos que não consideravam o impacto social negativo em comunidades e que contribuem com o esgotamento de recursos naturais e mudanças climáticas. O amplo conceito de propósito e engajamento social tem ganhado novos traços com a pandemia da covid-19 e influenciado cada vez mais os consumidores a escolherem marcas que apoiem causas e tenham direcionamentos de menor impacto negativo.

Para o consumidor atento às questões ambientais, o ESG é uma boa forma de acompanhar as práticas de governança e sustentabilidade de uma empresa, verificando se os valores que ela defende e pratica correspondem aos seus. Sendo assim, é possível adquirir produtos e serviços de empresas que demonstram, de forma transparente, seu nível de comprometimento com a responsabilidade social, com o respeito aos direitos humanos e com as questões ambientais.

Para Ecycle (2022), o ESG tem grande impacto positivo no modo como uma organização é vista, independente de seus resultados financeiros, em um cenário no qual o propósito de uma empresa e seus valores tem sido muito valorizado por investidores e também pelo consumidor final. Assim, existe um novo paradigma de negócios em implementação nas empresas, sobretudo as de capital aberto, nas quais o desempenho nos critérios de ESG pode fazer toda a diferença em sua cotação de mercado, além de influenciar na votação dos acionistas.

Adicionalmente, as práticas de Environmental, Social and Governance (ESG) trazem oportunidades para as empresas. Além de mitigar riscos e gerar valor no longo prazo, é possível integrar o ESG com estratégias corporativas, melhor governança e mais comunicação entre os acionistas e partes interessadas. Estabelecer práticas de ESG exige adaptação das empresas a processos mais sustentáveis e práticas tradicionalmente ligadas à economia circular, o que pode ser uma boa forma de atrair o público crescente interessado no consumo consciente.

Alves (2022) destacou que no estágio de "consumo consciente" as pessoas têm acesso ilimitado aos bens e serviços, mas não os visualizam como instrumentos de poder ou *status*, mas sim como meios de alcançar mais qualidade de vida e bem-estar social. O nível de educação, informação e conhecimento permite-lhes ter essa visão diferenciada. Nesse estágio, pessoas, empresas e governos estão conscientes de que os recursos são limitados e de que é preciso otimizá-los para garantir a perenidade dos negócios.

Ainda sobre esse assunto se questiona se é possível manter a satisfação individual das pessoas ao mesmo tempo em que problemas sociais assolam a humanidade, como a escassez de recursos naturais, serviços públicos deficientes, crescimento de cidades sem infraestrutura adequada, falta de água e saneamento básicos, formação de favelas e ampliação das desigualdades sociais. Se o *marketing* tradicional é capaz de satisfazer as necessidades individuais de seus consumidores, ele historicamente pecava pela não abrangência das situações sociais (ALVES, 2019).

3.7 As práticas ESG nas empresas

A mudança de paradigma trazida pelo ESG fez com que as empresas percebessem que a adoção dessas práticas já não é uma escolha, seja por conta da pressão dos fundos de investimento, seja por conta dos investidores ativos. No entanto, as empresas também sabem que equilibrar a busca de valor no longo prazo com a adoção de práticas que podem prejudicar os lucros de curto prazo não é algo tão simples (ECYCLE, 2022).

Nesse contexto, um artigo da Harvard Law School recomendou algumas boas práticas de ESG (HARVARD LAW SCHOOL, 2022):

1) Engajamento proativo dos acionistas

Um programa proativo de engajamento dos acionistas permite que uma empresa de capital aberto entenda as questões mais importantes para seus investidores, incluindo os passivos. Já não é suficiente centrar a divulgação para os investidores em torno de resultados trimestrais e decisões de compra e venda. A comunicação com os acionistas deve atender às mudanças na base de investidores e ao maior foco no valor de longo prazo, incluindo questões de ESG. Esse engajamento dos acionistas, construído ao longo de anos de discussão, é essencial para entender as políticas e expectativas de voto, moldar as ações de sustentabilidade e construir uma preparação para o ativismo da empresa.

2) Abrace a sustentabilidade

O foco aprimorado em sustentabilidade e ESG é uma prioridade para muitos investidores e é importante que eles não estejam apenas na agenda de discussão, mas sim integrados à estratégia da empresa como um todo. A tendência é que as empresas de sucesso abracem as questões ambientais e sociais como parte da criação de uma estratégia de negócios sustentável que é parte integrante de seu perfil de governança. Da mesma forma, as empresas devem compreender como se comparam às expectativas de seus pares e dos investidores. Assim como as empresas bem governadas há muito prepararam "avaliações de vulnerabilidade" para o ativismo dos acionistas, as empresas agora também devem se concentrar em suas vulnerabilidades no que se refere ao ESG.

3) Construir um conselho 'adequado para o ESG'

O trabalho de um diretor nunca foi tão desafiador e demorado, especialmente com o surgimento do ESG, já que as principais empresas precisam de um conselho de diretores engajado e "adequado para o propósito" com a experiência e perspectivas para fornecer supervisão apropriada, fazer perguntas difíceis e se envolver com investidores institucionais em tempos bons e desafiadores.

É crucial que os conselhos tenham ampla experiência, gama de recursos e capacidade adequada para executar seu dever. Da mesma forma, é imperativo que as empresas comuniquem claramente a força das habilidades, experiências e processos de seus conselhos.

4) Aprimore sua governança ESG interna

A governança da sustentabilidade não deve se limitar à diretoria. Um programa de ESG bem elaborado deve incorporar controles focados na sustentabilidade, indicadores-chave de desempenho (KPIs) e relatórios em toda a organização. Todos os níveis de gestão devem estar envolvidos na incorporação da sustentabilidade no dia a dia da empresa. Isso requer uma cultura empresarial em que a sustentabilidade e o propósito não sejam uma reflexão tardia, mas sejam essenciais para a existência da empresa.

5) Conte sua história de sustentabilidade

Não é mais a norma dispensar categoricamente as dúvidas relacionadas à sustentabilidade, em qualquer setor. A questão agora é como responder, e é imperativo que as empresas aprimorem proativamente sua divulgação, em vez de permitir que sua classificação seja dada por terceiros (como acontece com os fundos de investimento). Como ainda não existe uma regulamentação ou padrão de divulgação amplamente aceito para dados de sustentabilidade, a elaboração dessas métricas permanece um desafio.

Alguns padrões que costumam ser analisados por investidores são os emitidos pelo Sustainability Accounting Standards Board (SASB) e as recomendações da Task Force on Climate-related Financial Disclosure (TCFD, ou, numa tradução livre: Força-tarefa sobre Divulgação Financeira Relacionada ao Clima). Essas são algumas estruturas para as quais as empresas podem olhar na hora de mapear sua jornada de sustentabilidade.

Para Ecycle (2022), o crescimento do ESG entre investidores e empresas está relacionado a uma evolução sobre a materialidade. Uma série de fatores de sustentabilidade corporativa e de mercado, historicamente vistos como "não financeiros", agora são entendidos como motivadores materiais do desempenho dos negócios. Alguns exemplos são os riscos trazidos pelas mudanças climáticas, os custos relacionados ao uso de derivados de petróleo, escândalos corporativos e denúncias motivados por falta de equidade de gênero, salarial e outras, vazamentos de dados e outros pontos. A lista é crescente e os investidores estão cientes de que todas essas questões influenciam no valor de mercado e na avaliação de uma empresa.

Fundos que investem exclusivamente em negócios vistos como sustentáveis são uma tendência crescente e, durante a pandemia do novo coronavírus, eles se provaram mais resilientes do que o restante do mercado de capitais. Isso se relaciona diretamente ao fato de que empresas preocupadas com práticas de ESG têm uma visão de negócios de longo prazo e tendem a ser menos frágeis em momentos de crise.

O ESG engloba um conjunto de práticas que também podem ser observadas pelos consumidores na hora de escolher os produtos que adquirem. O que antes talvez fosse visto como idealismo ou ambientalismo, agora interfere diretamente nos resultados de uma empresa, já que os consumidores estão cada vez mais atentos à sustentabilidade e interessados em conhecer os impactos de toda a cadeia de produção. Relatórios de ESG dificultam práticas como o *greenwashing* e, além de informarem os potenciais investidores, são uma forma a mais para a fiscalização por parte do consumidor final (ECYCLE, 2022).

Sobre o *greenwashing*, Ottman (2012) enfatizou que ele ocorre quando uma organização exagera ou engana os consumidores a respeito dos atributos ambientais de suas ofertas. As acusações de *greenwashing* surgem de diversas fontes, incluindo ambientalistas, imprensa, consumidores, concorrentes e comunidade científica, e podem ser sérias, duradouras e muito prejudiciais à reputação de uma empresa.

Muitos consumidores podem se sentir confusos quando expostos a propagandas de produtos verdes, pois têm dificuldades em separar aqueles que realmente internalizam a variável "ambiental" em sua produção, comercialização e descarte daqueles que apenas fazem uso do termo como mais um artifício de *marketing*. Para Ottman (2012), essa situação é conhecida como "fadiga verde" e deixa os consumidores em dúvida a respeito dos fatos reais nas campanhas em defesa da sustentabilidade, podendo influenciar negativamente até mesmo as empresas mais bem intencionadas.

Diversas empresas podem conseguir relativo sucesso praticando *greenwashing* no curto ou médio prazos; contudo, essa atitude é arriscada e será questão de tempo para que os consumidores, a mídia ou o governo descubram, e aí os danos à imagem institucional da organização podem ser irreversíveis.

Empresas que praticam *greenwashing* são como maus profissionais; isto é, existem por toda parte e sempre existirão. Isso não significa que não existam empresas que realmente praticam o discurso ambientalista, da mesma forma que existem profissionais sérios e competentes como médicos, advogados, administradores, políticos, economistas etc. Cabe à sociedade criar ferramentas para separar as empresas que realmente fazem uso da conduta ambiental responsável daquelas que apenas tentam ludibriar os consumidores (ALVES, 2019). E, por isso, devido à sua própria natureza, uma das ferramentas principais para separar "o joio do trigo" em relação ao *greenwashing* são as práticas ESG.

Uma variedade de organizações governamentais e instituições financeiras desenvolveu maneiras de medir até que ponto uma corporação específica está alinhada com as metas ESG. O modelo a seguir busca fazer uma reflexão a respeito dos três aspectos do ESG e como eles se relacionam entre si.

3.8 Modelo para entendimento do que é o ESG

Ao fazer uma reflexão sobre as práticas ESG algo parece ser claro: existe uma associação íntima entre os aspectos ambiental e social, ficando difícil dissociar uma coisa da outra. Por outra parte, a governança diz respeito mais à forma como as atividades, tarefas e temas da organização serão realizados, buscando a transparência e eficiência nessas ações.

No livro *Consumo verde*, por meio de um exemplo prático, os autores Alves et al. (2011b) mostram como as questões ambientais e sociais caminham juntas. Imagine um cidadão que costumeiramente jogue lixo no rio de sua cidade. Embora tenha uma leve percepção dos danos ambientais provocados, suas emoções e envolvimento com o tema não são suficientemente favoráveis para deixar de jogar lixo no rio e, para ele, se livrar do lixo dessa forma é algo natural. No entanto, um novo fato pode surgir: uma grande enchente na cidade, no qual o rio transbordou e inundou as casas. Além dos estragos provocados pela água em abundância pode haver, também, proliferação de doenças e sujeira decorrentes do lixo acumulado no rio.

Passado um tempo – ou seja, quando a cidade e sua população retornam à rotina normal – aquele cidadão poderá mudar os seus valores, porque passou por uma experiência dolorosa; porém, com efeito benéfico para seu aprendizado ambiental. Dessa forma, sua percepção ambiental agora é outra e seu envolvimento ambiental também. A experiência dos efeitos da enchente faz parte de sua memória ambiental e sua razão agora diz que jogar lixo no rio pode causar prejuízos para ele no futuro (ALVES et al., 2011b).

De acordo com a história apresentada, quando o cidadão promove uma ação equivocada de jogar o lixo no rio (um aspecto ambiental), isso pode levar a consequências sociais quando, por exemplo, após uma enchente na cidade, o rio transborda e inunda as casas vizinhas. Uma dessas casas, pode ser, inclusive, da própria pessoa que havia jogado o lixo dias antes.

Assim, uma ação *ambiental* (jogar o lixo no rio) pode desencadear um problema *social* (inundação das casas, proliferação de doenças, de insetos e roedores, acúmulo de sujeira etc.).

Outro exemplo é a relação entre os catadores e o lixo gerado pela população de uma cidade. Por conta da falta de emprego ou dificuldades de qualificação profissional para obterem um trabalho formal, com carteira assinada, muitas pessoas vão buscar no lixo uma alternativa para a sobrevivência. Com a venda de papel, papelão, plásticos ou metais para usinas de reciclagem ou sucateiros (aspecto ambiental), esses catadores vão obter uma renda (aspecto social), mesmo que ela atenda a padrões mínimos de qualidade de vida e de segurança alimentar.

Se em um primeiro momento havia muito despreparo e informalidade nesse tipo de trabalho, com o tempo surgiram iniciativas para alavancar o setor. De acordo com Câmara dos Deputados (2022) já existem diversos programas de qualificação profissional da Associação Nacional de Catadores (Ancat). Um deles é promovido pela Central de Reciclagem do Distrito Federal (Centcoop) e que destaca o papel dos catadores como agentes ambientais e de saúde pública. A instituição menciona que são 5 mil toneladas de materiais reciclados por mês, gerando renda e dignidade a centenas de famílias de catadores. Um programa também destacado é realizado por uma associação de Belo Horizonte, a Asmare-MG, que, ao reaproveitar materiais descartados no lixo, criou o *slogan* "reciclando vidas" para devolver cidadania aos catadores.

Dessa forma, pode-se verificar que há uma estreita relação entre as questões ambientais e sociais, ficando difícil dissociá-las. Por isso, o modelo de ESG proposto leva em consideração esse aspecto (Figura 3.1).

O modelo da Figura 3.1 mostra que as variáveis ambiental (E de *environmental*) e social (S de *social*) fazem parte do mesmo círculo. Sua configuração é inspirada no Yin e Yang[3]. E ambas repousam sobre uma base, que é a

---

3. *Yin* e *Yang* são conceitos do taoismo que expõem a dualidade de tudo o que existe no universo. Descrevem as duas forças fundamentais opostas e complementares que se encontram em todas as coisas: o *yin* é o princípio da noite, Lua, a passividade, absorção. O *yang* é o princípio do Sol, dia, a luz e atividade (LAO-TSÉ, 2013).

governança (G de *governance*), que por sua vez criará as condições necessárias para que tanto o ambiental como o social sejam implementados de forma prática, ética, transparente e eficaz nas organizações.

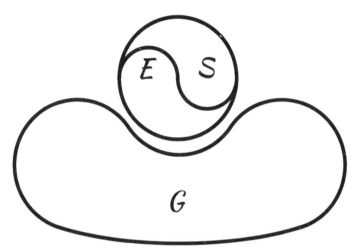

Figura 3.1 Modelo para entendimento do que é o ESG
Fonte: autor do livro.

Nos próximos capítulos, cada letra do modelo será estudada de forma mais aprofundada.

Exercícios

1) Após a Rio-92, em 1992, no Rio de Janeiro, a mídia abriu espaço para notícias relacionadas ao meio ambiente. Ademais, diversos programas de televisão são específicos à sustentabilidade ambiental, além de reportagens especiais sobre o tema. O assunto também ganhou as redes sociais. Quais programas, reportagens ou perfis sobre meio ambiente você conhece; seja em alguma rede social, na televisão ou em outro meio de comunicação?

2) Existe um sentimento na comunidade científica de que foram poucos os avanços desde a Rio-92. Isso ficou patente nos resultados obtidos desde então e apresentados em conferências posteriores. A que você atribui essa falta de cumprimento de prazos e metas estabelecidas? Será falta de planejamento, interesse ou punição para o não cumprimento das obrigações referentes ao meio ambiente?

3) Você já usou o tripé da sustentabilidade de John Elkington (ambiental, social e econômico) em sua empresa ou em alguma atividade escolar? Como foi a experiência? O quão prático você entende ser esse modelo?

4) Releia os 17 Objetivos de Desenvolvimento Sustentável (ODS). Quais deles são praticados pela empresa em que você trabalha? E na faculdade ou universidade em que você estuda? E a sua cidade tem compromisso com alguns deles? Quais? Classifique-os em "ausentes", "parcialmente realizados" e "plenamente realizados".

5) Como os Objetivos de Desenvolvimento Sustentável (ODS) podem ajudar as instituições públicas ou privadas a cumprirem suas metas ambientais e sociais?

6) Você já conhecia o ESG antes de adquirir este livro? A partir de quando começou a se interessar pelo tema? E por qual razão se interessou?

7) Considere o seguinte texto do capítulo: "As grandes instituições têm interesse na rentabilidade das empresas das quais são acionistas e por isso os *investidores* passaram a aumentar a cobrança pela adoção e divulgação de práticas de negócios baseadas em ESG, já que a falta de compromisso ambiental tem sido vista como um *risco* crescente para a sustentabilidade do sistema financeiro global (ECYCLE, 2022)". Neste texto foram destacadas duas palavras: *investidores* e *risco*. Por que o investidor procura sempre

empresas com menos riscos? Como a Agenda ESG pode ajudar a empresa a se tornar mais bem-vista perante os investidores?

8) Quais as vantagens que o consumidor atento às questões ambientais pode encontrar numa empresa que desenvolve práticas ESG?

9) Quais as principais oportunidades que a Agenda ESG traz às empresas?

10) Qual a sua opinião sobre as cinco boas práticas de ESG recomendadas pelo artigo da Harvard Law School? Em que medida elas podem ser aplicadas às empresas brasileiras?

11) Como as práticas corriqueiras de *greenwashing* podem prejudicar as empresas que tenham uma agenda ESG? Qual o risco de o mercado acreditar que todas as empresas praticam *greenwashing*, desconfiando daquelas que se pautam pelo ESG? Como comprovar a credibilidade de suas ações ambientais, sociais e de governança?

12) Qual a sua opinião sobre a *interdependência* dos aspectos ambiental e social propostos no modelo ESG do presente capítulo? E sobre a governança como *base* para se efetuar as boas práticas ambientais e sociais nas organizações?

4
A letra "E" do ESG – ambiental

4.1 O caminho sem volta da sustentabilidade ambiental nas organizações

A primeira letra do modelo ESG é o "E", do inglês *environmental* ou ambiental (Figura 4.1). Como visto nos primeiros capítulos, a preocupação em relação às questões ambientais ganhou vulto a partir das conferências mundiais promovidas pela ONU desde a década de 1970 e o surgimento dos ODS e da Agenda 2030 em 2015.

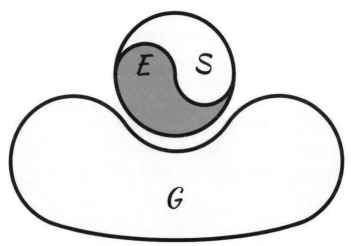

Figura 4.1 A letra "E" do ESG – meio ambiente
Fonte: autor do livro.

Na Figura 4.1, o elemento "E" (ambiental) tem *interdependência* com o elemento "S" (social) no modelo ESG proposto. Ambos estão sobre a *base* da governança (a letra "G").

Em relação ao elemento ambiental, mesmo que tenha sido iniciada de forma tímida no mundo corporativo, aos poucos, a sustentabilidade ambiental ganhou corpo e passou a estar inserida nas práticas e ações das empresas.

Um item importante nesse processo de mudança de postura é a busca pela Responsabilidade Social Empresarial (RSE), que pode ser definida como o estímulo a um comportamento organizacional que integra aspectos sociais e ambientais que não estão necessariamente contidos na legislação, mas que visam atender aos anseios da sociedade, em relação às organizações. Além disso, é composta por ações socioambientais que buscam a identificação e minimização de possíveis impactos negativos advindos da atuação das empresas, bem como ações para melhorar sua imagem institucional, favorecendo os negócios (DIAS, 2011; NASCIMENTO et al., 2008). Segundo Donaire e Oliveira (2018), a responsabilidade das empresas pode assumir diversas formas, entre as quais se incluem a proteção ambiental, projetos filantrópicos e educacionais, equidade nas oportunidades de emprego e serviços sociais em geral.

Uma nova atitude frente aos problemas ambientais deve ser tomada por empresários e administradores visando a sua solução, ou sua minimização, e para isso eles devem considerar o meio ambiente em suas decisões e adotar concepções administrativas e tecnológicas que contribuam para ampliar a capacidade de suporte do planeta (BARBIERI, 2016).

As novas exigências do mercado promoveram mudanças na gestão das empresas. Para se adequar a essas novas regras, diversas organizações passaram a ficar mais atentas com a origem e a composição da matéria-prima dos produtos que fabricavam ou comercializavam.

Um exemplo ocorrido no Brasil foi a união de três grandes grupos de supermercado visando boicotar a carne vinda de fornecedores que fossem responsáveis por desmatamento na região amazônica para a prática da pecuária. Essas empresas passaram a exigir que toda a carne tivesse sua procedência comprovada por um selo de rastreabilidade concedido por organizações independentes e idôneas. Redes de supermercados também têm desenvolvido campanhas para os consumidores no sentido de incentivar o uso de sacolas retornáveis e reduzir (e até eliminar) o uso de sacolas plásticas, a entrega de pilhas e lâmpadas usadas, bem como de outros materiais impróprios de serem lançados diretamente no meio ambiente (ALVES, 2016).

A legislação para regular a proibição de sacolas plásticas gratuitas, por exemplo, ajuda a criar hábitos sustentáveis nos consumidores.

Imagine a seguinte situação: um supermercado A, por livre e espontânea vontade, recusa-se a oferecer sacolas plásticas gratuitamente aos seus clientes. É provável que muitos de seus clientes passem a comprar nos supermercados B ou C, a fim de terem a comodidade de fazerem suas compras e receberem sacolas plásticas gratuitas. Em outras palavras, o supermercado A, que se propõe a promover atitudes sustentáveis, é penalizado pelos próprios clientes. A tendência é que ele abandone o projeto e passe também a oferecer tais sacolas plásticas de forma gratuita.

No entanto, se a legislação passa a proibir todos os supermercados de oferecer gratuitamente sacolas plásticas aos clientes, as pessoas não terão para "onde correr", pois os supermercados A, B e C, por força de lei, não darão mais gratuitamente as sacolas plásticas e passarão a cobrar por elas. Assim, o consumidor forçosamente deverá mudar seus hábitos e terá basicamente três opções: levar uma sacola retornável; reutilizar as sacolas plásticas que tem em casa nas próximas compras; ou, então, pagar pelas sacolas plásticas nos supermercados.

O Rio de Janeiro, por exemplo, foi o primeiro Estado do Brasil a aprovar uma lei para reduzir o número de sacolas plásticas descartáveis. A boa notícia é que a lei possibilitou tirar de circulação mais de quatro bilhões de sacolinhas e estimulou o uso de sacolas retornáveis. O sucesso da lei no Rio de Janeiro levou os estados do Ceará, Amazonas e Pará a aprovarem leis parecidas (G1, 2022a).

Duas estratégias são importantes para fazer com que os consumidores abracem a causa ambiental:

1) Que os apelos ambientais venham acompanhados de vantagens econômicas para o consumidor. Se a empresa conseguir provar para ele que o seu produto sustentável irá acarretar, no médio ou longo prazos, uma vantagem econômica, as possibilidades de ter preferência do consumidor na hora da compra serão maiores.

2) Que seja criada uma forma confiável de auxiliar os consumidores na identificação e escolha dos produtos sustentáveis. Uma dessas possibilidades é a obtenção de selos e certificações que venham a atestar, segundo normas reconhecidas pelo mercado, a "qualidade ambiental"

dos produtos. Como o consumidor não pode estar *in loco* para verificar a conduta ambiental da empresa, as certificadoras de caráter idôneo e reconhecidas por um sistema de certificação irão fazer este trabalho para o consumidor.

4.2 As certificações ambientais como endosso do produto sustentável

As rotulagens ambientais (selos verdes) e as certificações são importantes para o *marketing* ambiental, pois constituem fonte de informação aos consumidores, servindo para diferenciar os produtos que têm determinada "qualidade ambiental" (produtos verdes) daqueles que não a têm (produtos convencionais). De acordo com a ABNT (2012), certificação é o conjunto de atividades desenvolvidas por um organismo, independentemente da relação comercial, com o objetivo de atestar publicamente, por escrito, que determinado produto, processo ou serviço está em conformidade com os requisitos especificados.

Os sinais de "qualidade ambiental" de um produto podem ser comparados a um *iceberg*, devido à existência de diversos fatores que não podem ser visualizados diretamente pelo consumidor no processo de compra; nesse contexto, incluem-se diversas certificações, entre as quais a certificação orgânica e a certificação florestal. A "qualidade ambiental" representa os aspectos intrínsecos do produto que o caracterizam como ambientalmente responsável (ALVES, 2022).

Dessa forma, a parte do *iceberg* que aparece na superfície é um sinalizador da qualidade ambiental de um produto e está visível para o consumidor; a parte encoberta pela água representa os custos que a empresa ou a cadeia de agentes precisa assumir para estar certificada, e não fica visível para o consumidor.

A alta administração da empresa deve avaliar os benefícios potenciais da implementação da certificação e os eventuais riscos. Essa percepção fará com que os tomadores de decisão a visualizem como barreira ou como grande aliada das mudanças organizacionais em relação às questões ambientais.

Como a certificação tem caráter de legitimação, não pode servir para encobrir um sistema produtivo poluidor ou que causa degradação; ou seja, funcionando uma "lavagem verde" (*greenwashing*). Se for conduzida de forma adequada, a certificação pode contribuir efetivamente para a redução dos impactos ambientais negativos e preparar a organização para situações relacionadas às questões ambientais nas quais ela possa se envolver (NARDELLI, 2001). Segundo Ottman (2012), chamar um terceiro para avaliar as "qualidades verdes" de um produto é um forte indicador da integridade da empresa e ajuda a fortalecer seus negócios.

Em alguns tipos de certificação, a empresa que a obtem está sujeita a monitoramentos frequentes, que visam avaliar a integridade e o cumprimento dos padrões do sistema de certificação. Esse fato é importante para solidificar a credibilidade e a transparência necessária às organizações, e esses fatores são primordiais à Agenda ESG.

As certificações têm a particularidade de sinalizar ao consumidor aspectos de qualidade ambiental inerentes ao produto e, ao mesmo tempo, contribuir para a estratégia competitiva das organizações e para seu *marketing* ambiental.

No entanto, para tomar a decisão de se certificar, o empresário deve analisar o benefício-custo de sua implementação (ALVES, 2010).

Independentemente de tomar ou não uma decisão de compra com base em selos ou certificações de cunho ambiental, são os consumidores, com suas novas exigências relacionadas à preocupação com as questões ambientais, que motivam as empresas a implementarem o *marketing* ambiental, o que vai contribuir fortemente em suas práticas ESG.

Incorporar ações socioambientais nas etapas de fabricação de um produto deve estimular a formação de uma cultura na organização, admitindo que atitudes mais inteligentes passem a ser realizadas em benefício de todos. Ao adquirir matéria-prima, o comprador na empresa busca informações a respeito da origem dela, se é legal e qual impacto causa no meio ambiente. Se for uma matéria-prima que contenha alguma certificação que lhe dê legitimidade, melhor será. Todas essas ações devem fazer parte da Agenda ESG da empresa.

Em alguns casos, pode nem haver diferença de preços entre matérias-primas ambientalmente corretas daquelas que não a são, como ocorre, por exemplo, com papéis para impressão que contenham a certificação florestal do Forest Stewardship Council (FSC) ou do Programme for the Endorsement of Forest Certification (PEFC)[4].

---

4. Os principais sistemas de certificação florestal em escala mundial são o FSC (Forest Stewardship Council) e o PEFC (Programme for the Endorsement of Forest Certification Schemes). Em âmbito local tem-se o Cerflor (Sistema Brasileiro de Certificação Florestal), reconhecido pelo PEFC (ALVES et al., 2022).

A otimização no uso de recursos como energia e água na fabricação dos produtos vem ao encontro da área financeira no sentido da redução desses gastos. Algumas indústrias usam máquinas computadorizadas que permitem cortes precisos e que contribuem para a diminuição de matéria-prima e na geração de menos volume de resíduos, representando, portanto, um aspecto tanto econômico como ambiental, além de ser mais uma das práticas ESG.

Mas, para que essa nova forma de agir na organização possa ocorrer de forma eficaz, é necessário que haja primeiramente interesse da alta administração e, em seguida, um sério planejamento estratégico, acompanhado de investimento na capacitação de seus funcionários.

Ao investir em produtos certificados, por exemplo, em geral a alta administração o faz mais por razões mercadológicas do que propriamente por crenças ecológicas. Evidentemente, essa é uma regra para a qual existem diversas exceções e que tem mudado com o avanço da Agenda ESG.

De fato, os consumidores podem dar preferência a empresas que têm certificações e selos ambientais que lhes garantam, por meio de auditorias independentes, que os produtos ou processos cumpriram determinados requisitos sociais e ambientais. Como visto, a certificação pode ser entendida como um mecanismo pelo qual são garantidas ou atestadas determinadas características de um produto ou processo produtivo.

No caso de certificações ambientais e seus respectivos selos, um dos objetivos principais é dispor de uma ferramenta de mercado para a promoção e a comercialização de produtos verdes ou ambientalmente adequados. O consumidor (o cliente que adquire o produto para seu consumo ou um consumidor organizacional) pode requerer uma garantia de que os produtos que estão sendo fornecidos realmente estão em conformidade com determinados padrões ou práticas ambientais. Por exemplo, uma cadeia de supermercados pode exigir que os frigoríficos garantam que a carne fornecida não tenha origem em áreas de desmatamento; uma indústria alimentícia pode solicitar aos seus fornecedores de açúcar que comprovem atendimento a padrões elaborados por iniciativas internacionais do setor; um importador europeu que adquire etanol brasileiro pode estabelecer critérios ambientais e sociais aos seus fornecedores como condicionante para a manutenção de contratos etc.

Assim, a associação da marca de uma empresa com a marca de uma certificação ou selo ambiental pode trazer vários benefícios. Entretanto, nem sempre a informação presente em uma certificação atinge o consumidor de maneira satisfatória. Muitos selos são desconhecidos ou têm escopos mal interpretados pelos consumidores. Para que a mensagem ambiental transferida ao produto possa atingir o consumidor é fundamental que ele reconheça a certificação ou o selo ambiental ostentado no produto e, assim, faça sua opção.

A obtenção de uma certificação pode se tornar uma excelente ferramenta de *marketing* ambiental para a empresa. Polonsky (1994) destacou que na literatura há cinco possíveis razões para que as empresas adotem o *marketing* ambiental:

1) As organizações percebem que há oportunidade para realizar seus objetivos.

2) As organizações acreditam que têm obrigação moral de serem mais responsáveis social e ambientalmente.

3) As organizações governamentais estão forçando as empresas a serem mais social e ambientalmente responsáveis.

4) As atividades relacionadas às questões ambientais da concorrência têm pressionado as empresas a modificarem suas atividades para poder competir em condições semelhantes.

5) Fatores de custo, associados com a disposição de resíduo ou, mesmo, com reduções no material usado pelas empresas, forçam mudança em seu comportamento.

Como, na maioria das vezes, o consumidor não pode estar presencialmente para verificar a conduta ambiental da empresa, as certificadoras de caráter idôneo e reconhecidas por um sistema de certificação farão esse trabalho para ele. Essa é a principal razão da existência das certificações; ou seja, mostrar para os consumidores que os produtos não são todos iguais e que há produtos que seguem à risca determinados padrões. No caso em questão, aqueles associados a compromissos ecológicos.

4.3 Repensar continuamente o projeto dos produtos

Há muita discussão acerca da necessidade da reciclagem dos produtos e suas respectivas embalagens. Tal afirmação é verdadeira; no entanto, em muitos casos, pode haver dificuldade técnica ou operacional para se efetuar essa reciclagem.

É preciso checar se a matéria-prima constituinte do produto ou embalagem está propícia técnica e operacionalmente para a reciclagem. Além disso, algumas perguntas devem ser feitas:

a) A matéria-prima usada no produto ou embalagem é a única disponível? É a que produz menos impactos ambientais negativos ou existem outras? Se for a única, quais melhorias podem ser realizadas para que ela impacte menos o meio ambiente? Se existirem outras opções, qual a viabilidade técnica e econômica do uso dessas alternativas?

b) A matéria-prima usada no produto ou embalagem está na quantidade necessária? Seria possível fazer o mesmo produto ou embalagem com uma quantidade menor da matéria-prima?

c) Existe tecnologia que permita adequações e melhorias no uso de matéria-prima? A empresa tem um setor de pesquisa e desenvolvimento? Qual o papel da área de produção nesse aspecto?

Pelo visto, é necessário fazer com que os setores de produção, de *marketing* e de pesquisa e desenvolvimento dialoguem entre si, objetivando a busca da melhor matéria-prima para aquele produto ou embalagem, no sentido de atender a aspectos ambientais, econômicos e operacionais, e para isso devem constantemente repensar o projeto de seus produtos.

A busca da "matéria-prima ideal", tanto para os produtos como para as embalagens, requer o trabalho em conjunto de vários setores da empresa pelo prisma da melhoria contínua, o que pode resultar em ganhos de imagem institucional, bem como ganhos financeiros ao se otimizar o uso da matéria-prima. Pensar dessa forma representa mais um ponto a favor da Agenda ESG da empresa.

A área de produção pode ser considerada como o "centro nervoso" de uma empresa do ramo industrial. É na produção que as matérias-primas serão convertidas em produtos e embalagens que, posteriormente, abastecerão o mercado consumidor, e por isso representa o setor-chave nas empresas industriais. Algumas ferramentas contribuem para a produção pautada na sustentabilidade ambiental, tais como a produção mais limpa (P+L), a ecoeficiência e o *ecodesign*, que serão vistos a seguir.

Produzir é agregar valor a uma matéria-prima que, por si só, não teria utilidade para o consumidor. A capacidade que a indústria tem em transformar materiais em produtos e embalagens que serão vendidos no mercado e gerarão lucro para os proprietários ou os acionistas faz com que o setor de produção tenha grande importância (ALVES, 2016).

No entanto, esse setor modernamente tem muito mais a contribuir em termos econômicos. Quando se aliam as atividades de produção com aspectos inerentes à sustentabilidade socioambiental, os ganhos podem ser maiores, não apenas econômicos.

Atividades de administração da produção que se pautem pela sustentabilidade ambiental promoverão reestruturações na planta da fábrica, visando a otimização dos recursos e redução dos desperdícios de matéria-prima, água, energia elétrica, entre outros.

Não há processo de produção de um bem sem geração de impactos ambientais negativos. O que as empresas verdes procuram, na medida do possível, é buscar a minimização de tais impactos por meio de redesenho de processos, treinamento de funcionários, otimização de recursos e matérias-primas usados na produção e uso de tecnologias mais eficientes.

Quando não é possível minimizar o impacto negativo direto na "fonte", as empresas terão de investir em tratamento e destinação adequada dos resíduos sólidos ou efluentes, o chamado controle de "fim de tubo" (*end of pipe*). Essa ação contrasta com a produção mais limpa (P+L), entendida pelo Pnuma (UNEP, 2022) como a aplicação contínua de uma estratégia ambiental preventiva e integral que envolve processos, produtos e serviços, que visa ao aumento da eficiência total nos processos e à redução dos riscos ambientais e sociais no curto e longo prazos.

De acordo com Dias (2011), a P+L adota os seguintes procedimentos:

• Quanto aos processos de produção: procura otimizar o uso de matérias-primas e energia, reduzindo a quantidade e a toxidade de suas emissões e seus resíduos.

• Quanto aos produtos: procura minimizar os impactos ambientais negativos ao longo de seu ciclo de vida, desde a extração das matérias-primas até a disposição final do produto, após seu tempo de vida útil.

• Quanto aos serviços: procura incorporar as preocupações ambientais no projeto e fornecimento de serviços.

Praticar a P+L é fazer ajustes no processo produtivo de forma a permitir a redução da emissão e geração de resíduos diversos, sendo feitas pequenas reparações na situação atual ou adquirindo novas tecnologias, simples ou complexas (NASCIMENTO et al., 2008).

Sempre que possível, a empresa deve repensar o projeto de seus produtos de forma a considerar o uso de matérias-primas que sejam facilmente recicláveis ou reutilizáveis após a vida útil do produto, e que possam reduzir a geração de resíduos durante a fabricação reforçando, assim, o seu compromisso com a Agenda ESG. Segundo Barbieri (2016), as mudanças nos processos devem objetivar a redução de todo tipo de perda nas fases de produção e realizam-se por meio de:

- Boas práticas operacionais: por meio de atividades de planejamento e controle da produção, gestão de estoques, organização do local de trabalho, limpeza, manutenção de equipamentos, estudos destinados a evitar acidentes de trabalho nos deslocamentos de materiais, coleta e separação de resíduos, padronização de atividades, elaboração e atualização de manuais e fichas técnicas, treinamento de pessoal, entre outras.

- Substituição de materiais: consiste na avaliação e seleção de materiais para reduzir ou eliminar materiais perigosos nos processos produtivos ou a geração de resíduos perigosos; por exemplo, quando se faz a substituição de solventes químicos por solventes à base de água ou quando se selecionam matérias-primas e materiais auxiliares que gerem menos resíduos.

- Mudanças na tecnologia: ocorre quando são promovidas inovações nos processos produtivos visando à redução de emissões e perdas, podendo ser inovações de pequeno impacto, como mudanças nas especificações do processo ou aquisição de novos equipamentos e instalações, alterações no *layout* e outros componentes do processo.

A finalidade principal da P+L é evitar a geração de resíduos, e não somente sua identificação, sua quantificação, seu tratamento e sua disposição final (SEIFFERT, 2014). Para Barbieri (2016), a preocupação central é a redução da poluição no processo de produção e no uso e descarte de produtos. Segundo o autor, a ecoeficiência, outra ferramenta usada na área, vai além desse aspecto quando se refere a produtos que atendam às necessidades básicas e faz recomendações a respeito da sua durabilidade. A ecoeficiência preconiza que a redução de materiais e energia por unidade de produto ou serviço aumenta a competitividade da empresa, ao mesmo tempo em que reduz as pressões sobre o meio ambiente, tanto como fonte de recursos quanto como depósito de resíduos.

Isso ajuda a reduzir os danos ambientais e os riscos do empreendimento, o que certamente será valorizado pelos investidores ao encontrarem tais aspectos na Agenda ESG da empresa.

O Conselho Empresarial Mundial para o Desenvolvimento Sustentável – The World Business Council for Sustainable Development (WBCSD) – é uma associação mundial com cerca de 200 empresas que tratam exclusivamente de negócios e desenvolvimento sustentável, e a ecoficiência é um dos aspectos a serem atingidos pelas empresas. Para o WBCSD (2022), a ecoeficiência tem três objetivos centrais:

1) Redução do consumo de recursos: faz parte desse objetivo minimizar o uso de energia, materiais, água e solo, de maneira a facilitar a reciclagem e a durabilidade do produto.

2) Redução do impacto na natureza: este objetivo está relacionado com minimização das emissões atmosféricas, descargas líquidas, eliminação de desperdícios e proliferação de substâncias tóxicas, bem como impulsionar o uso sustentável de recursos renováveis.

3) Melhoria do valor do produto ou serviço: inclui fornecer mais benefícios aos clientes, por meio da funcionalidade e flexibilidade do produto, ofertando serviços adicionais e apenas o que, de fato, os clientes precisarem. A mesma necessidade deve ser satisfeita com menos materiais e uso de recursos.

Em resumo, poderia ser dito que o objetivo da ecoeficiência é a produção de bens e serviços a preços competitivos, promovendo a redução do impacto ambiental negativo e o consumo de recursos naturais, ao longo de seu ciclo de vida, a um nível equivalente à capacidade de sustentação estimada do planeta (ALMEIDA, 2002). A ecoeficiência é um instrumento de melhoria contínua, conceito popularizado na década de 1980 pelas empresas japonesas. Contudo, Almeida (2007) destacou que o processo de incorporação da ecoeficiência no cotidiano das empresas tem sido lento e que geralmente suas ações são apenas pontuais e não mudam o quadro geral da problemática ambiental. Apesar de ser um instrumento valioso, não tem sido eficiente em termos globais, pois cada empresa opera de forma independente.

Outra ferramenta complementar à produção mais limpa e à ecoeficiência é o Projeto para o Meio Ambiente – Design for Environment (DfE), também conhecido como *ecodesign*. Sua finalidade principal, segundo Barbieri (2016), é se preocupar com os problemas ambientais ainda na fase de projeto, pois entende-se que as dificuldades e os custos para efetuar modificações crescem à medida que as etapas do processo de inovação se consolidam. O setor de *ecodesign* procura estimular a inovação em produtos e processos de forma a reduzir a poluição em todas as fases do ciclo de vida do produto, e necessita, por isso, da participação de todos da empresa. Além disso, pode ter diferentes objetivos, como aumentar a quantidade de material reciclado a ser usado em um produto, reduzir o consumo de energia gasto na produção, facilitar a manutenção do produto ou favorecer a separação de materiais após a vida útil do produto. De acordo com Nascimento et al. (2008), o *ecodesign* busca integrar as questões ambientais no *design* industrial, relacionando o que é tecnicamente possível com o que é ecologicamente necessário e socialmente aceitável.

A origem de muitos impactos ambientais negativos está no *design* dos produtos. Dessa forma, repensar os projetos dos produtos, propor novas alternativas, buscar a inovação e usar a criatividade em busca de produtos mais verdes deve ser o objetivo central da área de produção de uma empresa verde. E isso também irá fortalecer a Agenda ESG da empresa.

Seja qual for a ferramenta a ser usada na área de produção, o objetivo é sempre o mesmo: promover a produção sustentável a partir de matérias-primas de origem legal e que possam fornecer um produto que, após o seu uso pelo consumidor, seja reciclável, reutilizável, possa sofrer desmanche ou então ter uma disposição segura. Adicionalmente, a produção sustentável visa minimizar os efeitos adversos gerados na produção, como o uso intensivo de água e energia e a produção de resíduos em grande quantidade. Em outras palavras, a promoção da produção sustentável pode significar a própria sobrevivência da empresa no longo prazo.

Produção sustentável deve estar relacionada à incorporação, ao longo de todo o ciclo de vida de bens e serviços, das melhores alternativas possíveis para minimizar impactos ambientais e sociais. Também deve permitir a noção de limites na oferta de recursos naturais e visualizar a capacidade do meio ambiente para absorver os impactos da ação humana.

A produção sustentável deve ser menos intensiva em emissões de gases do efeito estufa e em energia e demais recursos, bem como repensar o ciclo completo dos produtos, enfatizando a ideia de "do berço ao berço" (*cradle to cradle*), destacada no livro de Braungart e McDonough (2013). Entrando em oposição à obsolescência programada, a produção sustentável deve procurar alongar a vida útil dos produtos e reaproveitar ao máximo possível os insumos da reciclagem em novas cadeias produtivas.

Ao planejar todo o ciclo de vida dos produtos, não somente a origem da matéria-prima e a fabricação do produto devem ser consideradas, mas também as formas de minimizar os impactos negativos dos produtos e das embalagens descartados.

Existem diversos exemplos reais de empresas comprometidas com o aspecto "ambiental" da Agenda ESG e que serão vistos a seguir.

4.4 Exemplos práticos de aplicação do "E" de ESG nas organizações

Empresas privadas e governos buscam, cada vez mais, atuar em prol da sustentabilidade ambiental. Isso pode ocorrer por diversas formas. Pode ser por meio da fabricação de produtos sustentáveis feitos de matérias-primas que permitam mais facilmente a reciclagem futura de suas embalagens ou componentes. Muitas vezes isso decorre de a empresa ter "repensado o projeto de seu produto". Também pode ser pelo uso de veículos menos poluentes ou por ações de educação ambiental. É importante que as organizações, privadas ou públicas, sejam capazes de ser criativas para inovar em sustentabilidade ambiental.

Colocar em prática a sustentabilidade ambiental virou necessidade para os diversos tipos de organização. A seguir alguns desses exemplos.

4.4.1 Embalagens mais sustentáveis

As empresas de refrigerante geralmente estão entre as que mais dependem do plástico para comercializar seus produtos. Uma das companhias que busca reverter isso é a Coca-Cola®. Segundo *Época Negócios* (2022a), a empresa está realizando um teste com novas garrafas de papel que poderiam reduzir significativamente a quantidade de lixo que ela produz. A gigante dos refrigerantes tem uma meta de longo prazo de eliminar totalmente os resíduos de plástico de seus produtos. De acordo com o jornal britânico *Independent*, o novo protótipo de garrafa está sendo testado na Hungria e tem como foco um produto da Coca-Cola® chamado AdeZ. A embalagem tem um revestimento externo de papel grosso, uma tampa de plástico e um fino forro de plástico feito de tereftalato de polietileno (PET) reciclado.

"Este protótipo ainda consiste em um invólucro de papel, com uma tampa e um revestimento de plástico. O próximo passo é encontrar uma solução para criar uma garrafa sem esse revestimento", diz o gerente de Inovação de Embalagem da multinacional. A ideia é criar uma embalagem que possa ser reciclada como qualquer outro tipo de papel. A companhia ainda está submetendo a garrafa a testes mais abrangentes em laboratório, para analisar como ela se comporta na geladeira, quão forte ela é e como protege a bebida em seu interior (UOL, 2022b).

O novo protótipo de garrafa de papel está sendo desenvolvido como parte de uma parceria entre a Coca-Cola® e a The Paper Bottle Company (Paboco)®, uma *startup*[5] dinamarquesa que trabalha em cooperação com a cervejaria Carlsberg®, a empresa de produtos de beleza L'Oréal® e a produtora de bebidas Absolut® (ÉPOCA NEGÓCIOS, 2022a). A garrafa proposta é composta por uma única parte de fibra de papel, enquanto o logo do produto é impresso no próprio material. A primeira versão da embalagem ainda tem uma fina camada interna de plástico para manter o papel seco; mas a ideia é que, em uma próxima versão, esse plástico seja substituído por um material feito à base de plantas, bem como a tampa também poderá ser feita de um

---

5. *Startup* é uma empresa inovadora com custos de manutenção muito baixos, mas que consegue crescer rapidamente e gerar lucros cada vez maiores. No entanto, há uma definição mais atual, que parece satisfazer diversos especialistas e investidores: uma *startup* é um grupo de pessoas à procura de um modelo de negócios repetível e escalável, trabalhando em condições de extrema incerteza (SEBRAE, 2022a).

biocomposto ou apenas de papel puro. Assim, a embalagem passa a evitar a pegada de carbono causada pela fabricação do plástico a partir de combustíveis fósseis e, ainda, poderá ser completamente reciclada (INOVASOCIAL, 2022).

De acordo com pesquisa da Changing Markets Foundation, a Coca-Cola® é a maior empresa poluidora de plásticos do mundo, com uma pegada de plástico de 2,9 milhões de toneladas por ano. Até 2030 a empresa se comprometeu a coletar e reciclar 100% das garrafas e latas que vende, sem produzir desperdício. Em sua auditoria anual de resíduos de plástico encontrados em praias, rios, parques e comunidades em todo o mundo, o grupo Break Free From Plastic descobriu que as garrafas de Coca-Cola® eram de longe as mais frequentes. A marca da empresa foi descoberta em 13.834 peças de plástico em 51 dos 55 locais pesquisados – mais do que o total combinado da Nestlé® (8.633) e PepsiCo® (5.155), que foram o segundo e o terceiro piores poluidores (ÉPOCA NEGÓCIOS, 2022a).

No mesmo caminho da Coca-Cola®, a Diageo®, dona das marcas Johnnie Walker®, Smirnoff®, Ypióca® e Tanqueray®, apresentou o que promete ser "a primeira garrafa de destilados do mundo 100% livre de plástico". A garrafa é feita com celulose de origem sustentável e será totalmente reciclável. No início, ela será vendida com o uísque Johnnie Walker®, mas a embalagem foi projetada para também receber outros líquidos. A companhia também anunciou uma parceria com a Pilot Lite® para lançar a empresa Pulpex Limited®, focada em tecnologia de embalagens sustentáveis e responsável por desenvolver a garrafa à base de papel. A Pulpex Limited® também faz parte de um consórcio com outras multinacionais, como Unilever® e Pepsico®, e a garrafa deve chegar a outros produtos (UOL, 2022c).

Já quando a bebida em questão é a cerveja também aparece a opção por uma embalagem feita de papel. Segundo UOL (2022d), a cervejaria dinamarquesa Carlsberg® anunciou dois protótipos de sua garrafa de papel para cerveja. A Green Fiber Bottle® será produzida a partir de fibras de madeira de origem sustentável, 100% reciclável, com uma barreira interna para evitar infiltrações. O lançamento das embalagens de papel para cerveja é parte do investimento da empresa em sustentabilidade, que pretende acabar com as emissões de carbono em suas cervejarias até 2030.

O setor de produtos de limpeza e higiene também tem se movimentado em busca de embalagens feitas de papel. De acordo com *Revista H&C* (2022), o fabricante de bens de consumo Procter & Gamble (P&G)® revelou a primeira garrafa de papel para sua marca Lenor® de amaciantes, em colaboração com a empresa de garrafas de papel Paboco®. A empresa destaca que este lançamento servirá para estabelecer uma estratégia de "tentativa e erro" com o objetivo de expandir o uso de embalagens de papel e incorporá-las de forma mais ampla ao portfólio de marcas da P&G®. A tecnologia de garrafas de papel da Paboco® está passando por um rápido avanço e permite que o uso de plástico seja reduzido e substituído, enquanto diminui a pegada de carbono em comparação com as embalagens de plástico convencionais.

A garrafa de papel de Lenor® é um primeiro passo na jornada da embalagem de base biológica. Ela já reduz significativamente a presença de plástico em comparação com a embalagem atual e é a primeira do tipo a ser produzida em grande escala, em *design* e tecnologia, a partir de papel certificado FSC de origem sustentável com, inicialmente, uma fina barreira de plástico PET reciclado pós-consumo (REVISTA H&C, 2022).

No setor de alimentos, a Vigor Alimentos® apresentou o primeiro iogurte em embalagem de papel do país. Segundo a *Revista Embalagem Marca* (2022a), a embalagem é batizada de Vigor Simples® e a novidade chega dentro de uma linha com poucos ingredientes, todos naturais. A marca traz ao varejo um produto composto apenas de ingredientes naturais, com alto teor de proteína e em embalagem alternativa ao plástico: seu material é biodegradável, de fonte renovável e com um maior nível de reciclabilidade. Além disso, a impressão das informações sobre o produto é feita diretamente no pote, dispensando a necessidade de um material a mais para descarte. A nova linha de iogurte não contém aditivos, como conservantes, corantes e espessantes, sendo produzida apenas a partir de leite, fermento lácteo, açúcar demerara e geleia de fruta. O nome do produto, Vigor Simples®, foi escolhido para refletir a simplicidade das composições do iogurte, feito só de quatro ingredientes, e de sua embalagem, que além de todas as características citadas, tem *layout* claro e minimalista.

Segundo a Vigor®, com a nova embalagem, aproximadamente 15t de plástico deixarão de ser colocadas no mercado em 2021. A estimativa foi feita por comparação com a produção de uma embalagem plástica de gramatura equivalente. Para lançar a embalagem de papel, a Vigor® usou uma tecnologia inovadora, com um processo específico de solda para garantir a duração da embalagem durante todo o período de validade do produto, preservando a qualidade e a proteção necessárias para a integridade do alimento. As embalagens têm um *QR code* que, ao ser acessado, entrega aos consumidores informações sobre a novidade e locais onde encontrar o produto (REVISTA EMBALAGEM MARCA, 2022a).

A diretora de *Marketing* da Vigor® destacou que o Vigor Simples® representa mais um passo da marca em direção à inovação e à sustentabilidade. "Estamos trazendo à categoria um iogurte muito saudável e natural, para atender à demanda de consumidores atentos aos ingredientes que estão ingerindo. Esse público, que também se preocupa cada vez mais com impactos ambientais, motivou-nos a ir além e desenvolver uma embalagem única no país", diz ela (REVISTA EMBALAGEM MARCA, 2022a).

Os dentistas recomendam que se troque uma escova a cada três meses. Se todas as pessoas seguissem essa recomendação, seriam quatro escovas por habitante por ano. Uma cidade com 100 mil habitantes, por exemplo, descartaria anualmente 400 mil escovas, sendo que a maioria delas é feita de plástico. Um problema em termos ambientais. No entanto, tem surgido soluções de matérias-primas alternativas para o plástico das escovas de dente. A Viver Noronha® é uma empresa que fabrica escovas de dente feitas de bambu. A missão da empresa é defender o meio ambiente e promover a paz por meio de campanhas e de produtos que ajudam o planeta a ser mais limpo, com o objetivo de diminuir o plástico e aumentar o consumo sustentável. Segundo a empresa, todos os seus produtos são veganos; ou seja, não houve testes em animais nem tampouco uso de partes deles. A empresa destaca que a sua escova de dente feita de bambu durará tanto quanto uma escova de dente de plástico convencional.

Não apenas as escovas de dente estão buscando matérias-primas mais sustentáveis. Tal movimentação também tem ocorrido no tipo de plástico das hastes flexíveis de algodão (popularmente conhecidas como "cotonetes" e que, na verdade, é o nome da marca da Johnson & Johnson® para o mesmo produto). Segundo Amanhã (2022), uma das pioneiras foi a marca Mili Love & Care®, cuja fábrica da empresa Mili® se localiza em Três Barras (SC). A embalagem com 75 hastes complementa a linha *premium* da fabricante, que compreende ainda fraldas descartáveis infantis, lençol higiênico descartável e toalhinhas umedecidas. O plástico usado nas hastes torna-se biodegradável com a adição de um composto que acelera a decomposição do canudo. Em geral, o plástico leva até 200 anos para se decompor na natureza. Mas a Mili® garante que suas hastes, dependendo do meio, irão se degradar no máximo em um ano.

Para garantir a rápida decomposição, o plástico não recebe aditivos químicos coloridos, e por isso a haste da marca *premium* da fabricante brasileira, a Mili Love & Care®, é transparente. Como o algodão das pontas das hastes é um produto natural, que recebe apenas tratamento antigermes, as hastes são 100% biodegradáveis. Até então o composto vinha sendo aplicado apenas em canudinhos para bebidas. Produzido na Europa, ele é certificado no Brasil pelo Inmetro e ABNT. A inovação foi desenvolvida em conjunto entre as áreas de produção, *marketing* e comercial da Mili®. Além de entregar ao consumidor um produto que não agride a natureza, a Mili® também conseguiu oferecer um preço final competitivo com aqueles que usam o plástico tradicional (TISSUE ONLINE, 2022).

Quem também promete mudanças no uso do plástico é a gigante Johnson & Johnson®. A empresa destaca que a troca do plástico por papel nos cotonetes pode diminuir sensivelmente a poluição nos oceanos (SUPER INTERESSANTE, 2022). Quem também aderiu ao papel na composição de suas hastes flexíveis de algodão é a empresa PHC®, fabricante da marca Needs Eco®. Segundo PHC (2022), a empresa busca sinergia entre tecnologia de ponta e o cuidado com o meio ambiente. A PHC® acredita na responsabilidade socioambiental das marcas, em produzir insumos que sejam bons e funcionais em todas as esferas da sociedade, e por isso investe em inovação e tecnologia para respeitar o meio ambiente e o seu cliente com o mais alto padrão de qualidade. Para tanto, a PHC® conta em suas linhas de produtos as Hastes Flexíveis Eco Affagio, que foram desenvolvidas para cuidar tanto das pessoas como do meio ambiente. Feitas com pontas 100% algodão e hastes de papel, evitam o descarte de haste plástica na natureza. As hastes flexíveis ecológicas são desenvolvidas em material biodegradável, livres de impurezas e ainda contam com exclusivas pontas em espiral que maximizam o desempenho durante o uso.

Os canudos usados para sucos e refrigerantes são um tipo de produto que, assim como hastes flexíveis de algodão, são usados por poucos minutos e logo depois descartados pelo consumidor. Bastar fazer a higiene usando as hastes ou tomar o suco ou refrigerante usando o canudinho, que o destino final deles será a lata de lixo. Segundo Cidade Marketing (2022), os canudos de plástico ocupam o sétimo lugar entre o lixo de maior presença nos oceanos, são parte dos 8 milhões de toneladas de plástico que terminam em suas profundidades a cada ano e levam mais de 200 anos para se decompor. Uma em cada três tartarugas marinhas tem a substância no estômago.

Por isso, uma grande empresa de *fast food* decidiu banir o uso de canudos plásticos em sua rede. Com a campanha #NãoSalvemOsCanudos, a Subway® América Latina anunciou, no Dia Mundial dos Oceanos (8 de junho), o lançamento de um plano ambicioso para alcançar uma redução de 100% de plástico de uso único em seus restaurantes ao longo de 4 etapas agressivas, bem como buscar produtos substitutos que sejam ambientalmente amigáveis. Em seu teste inicial realizado entre 2017 e 2018 em outro país da América Latina, a Subway® conseguiu reduzir em 50% o uso de canudos e tampas plásticas de uso único, provando que é possível alcançar o objetivo. A empresa tomou uma firme decisão de mudança e impacto ambiental: comprometeu-se a reduzir o uso de canudos e tampas plásticas em seus restaurantes da América Latina em 50% até 2020, e convidou todos os seus consumidores a fazerem parte da mudança que visa proteger a biodiversidade dos oceanos e sua fauna marinha (CIDADE MARKETING, 2022).

O ambicioso plano desenvolvido pela marca procura reduzir significativamente o uso de embalagens plásticas e substituí-las por opções que não sejam prejudiciais ao meio ambiente. Como 91% dos materiais plásticos fabricados no mundo não são reciclados, a Subway® também procura aumentar a conscientização e a preocupação ambiental na sociedade, convidando todos a participarem de um forte trabalho que abrange a redução do uso de plásticos, a proteção de espécies em perigo de extinção e a limpeza e proteção de praias (CIDADE MARKETING, 2022).

Mas a Subway® não está de olho apenas nos canudinhos de plástico. De acordo com o *Diário do Verde* (2022), a sacola em que o sanduíche é colocado para a entrega e as embalagens dos guardanapos estão sendo trocadas por papel na rede Subway®. A Guardanapos Leal®, indústria paranaense líder na fabricação de guardanapos, é a responsável pela mudança nas embalagens da rede no Brasil. A retirada do plástico atente a um pedido dos clientes e da legislação. "A Subway® se preocupa com o meio ambiente e tem trazido cada vez mais esse conceito para suas lojas", conta a gerente nacional da rede. A principal vantagem do papel é ser 100% reciclável e provido de fontes renováveis. "Fornecemos mensalmente 30t de guardanapos embalados para a para a rede Subway®. Isso significa que, com o novo produto, 6t de plástico deixarão de ser depositados na natureza nesse período. Quanto às sacolas, a pedido do cliente, desenvolvemos o modelo em papel que foi aprovado e a partir de agora também serão fornecidas por nós", explica o diretor da Guardanapos Leal®.

"A migração do plástico para o papel está em ritmo acelerado. A meta é que até o final do primeiro bimestre de 2012 o plástico seja eliminado da nossa cadeia produtiva. Nossos clientes sairão na frente por oferecer um produto sustentável ao consumidor final", explica. Segundo o diretor da empresa de guardanapos, o mercado brasileiro está se sensibilizando com as questões ambientais. "As marcas precisam estar atentas porque o consumidor já encara a sustentabilidade como uma obrigação", ressalta (DIÁRIO DO VERDE, 2022).

As movimentações da empresa vão ao encontro de uma nova lei adotada no Brasil. De acordo com *Mercado Comum* (2022), no Brasil, o Projeto de Lei 92/2018 que está tramitando no Senado prevê a retirada progressiva de pratos, copos, bandejas e talheres de plásticos para o consumo de produtos alimentícios. Ele propõe uma substituição de 20% após dois anos da aprovação do projeto, 50% após quatro anos, 60% após seis anos e 80% após oito anos, até sua retirada completa em 10 anos. Além disso, várias outras leis federais e municipais estão, de certa forma, relacionadas à proibição de plásticos de uso único. No Rio Grande do Norte, no Distrito Federal e na cidade do Rio de Janeiro, canudos de plástico de uso único já estão proibidos, e outras capitais, como São Paulo, discutem uma proposta para fazer o mesmo.

4.4.2 Sustentabilidade e cápsulas de café

As máquinas que usam cápsulas para fazer café conquistaram muitos consumidores pela praticidade e rapidez. No entanto, o lixo gerado pelo descarte das cápsulas feitas de plástico sempre foi um desafio para quem gostaria de uma opção mais sustentável. Por essa razão, muitos consumidores deixaram de adquirir tais máquinas na esperança de um dia haver uma solução mais inteligente e ambientalmente responsável.

Os cafés em cápsulas individuais têm gerado muita polêmica em relação ao desperdício de materiais para a fabricação e quantidade de resíduos descartados. A repercussão foi tamanha, que em algumas cidades foi até proibida a sua comercialização, como em Hamburgo, no norte da Alemanha.

Para resolver esse problema, ao mesmo tempo em que mantém o prazer e a facilidade das máquinas individuais de café, uma empresa canadense chamada Club Coffee® criou o PurPod100®, uma cápsula 100% biodegradável. A embalagem foi desenvolvida em parceria com os pesquisadores da Universidade de Guelph, no Canadá, e é certificada por organizações canadenses e norte-americanas. A empresa garante ser a única a oferecer cápsulas totalmente biodegradáveis no mundo (CICLO VIVO, 2022a).

Enquanto as embalagens tradicionais são feitas com plástico ou alumínio, a PurPod100® é feita com o próprio resíduo do café. As cascas retiradas no processo de torra formam um bioplástico, que é a base para a cápsula. Isso significa que não são necessárias novas matérias-primas, e esse é o segredo para que sejam biodegradáveis. A Club Coffee® garante que as cápsulas podem ser descartadas junto com os resíduos orgânicos ou usadas na compostagem, já que têm nutrientes que colaboram com o desenvolvimento das plantas. Em apenas 84 dias, o solo já não tem mais qualquer traço aparente da cápsula (CICLO VIVO, 2022a).

No website da empresa, eles explicam por que a reciclagem das tradicionais cápsulas plásticas acaba não sendo 100% conveniente, pois geralmente é necessário cortar a sua tampa, colocar o pó de café quente em um recipiente de compostagem, lavar o resto da cápsula e jogar o que sobrou da embalagem em um contentor de reciclagem. "Diversos tipos de plástico e outras substâncias em sua composição tornam essas embalagens não recicláveis, e elas levarão séculos para se decompor", afirma. Considerando que no Brasil apenas 3% do lixo reciclável é, de fato, reciclado, a alternativa sustentável da Club Coffee® seria uma novidade positiva para os apreciadores de café (FOLLOW THE COLOURS, 2022).

Além da tecnologia que já existe das cápsulas feitas a partir do próprio resíduo do café, também é que possível que elas sejam feitas de papel. De acordo com *Folha de S. Paulo* (2022b), a Nestlé® lançou em novembro de 2022 uma nova cafeteira e uma nova linha de cápsulas chamada Dolce Gusto NEO®. A máquina funcionará apenas com cápsulas feitas de papel e que poderão ser depois descartadas em sistemas de compostagem. A ideia é que a cápsula biodegradável resolva um dos problemas desse segmento, que é a produção de lixo, uma vez que as tradicionais são feitas de plástico e alumínio.

Com foco na sustentabilidade desde o desenvolvimento das cafeteiras até o pós-consumo das cápsulas, o sistema NEO é resultado de cinco anos de pesquisas inovadoras. Além da máquina inteligente, que se conecta ao celular, a perfeição do preparo e a qualidade das bebidas são diferenciais inéditos no segmento. "NEO é o futuro do sistema de cápsula", afirma o CEO da Nestlé Brasil®. "Tornar a sustentabilidade escalável é o grande desafio da indústria. E NEO é um marco tecnológico de baixo impacto ambiental negativo que privilegia a experiência do café, com foco na alta qualidade, do cultivo à xícara final. Trata-se de uma evolução sem precedentes", completa o CEO (REVISTA EMBALAGEM MARCA, 2022b).

Feitas com papel certificado pela organização não governamental FSC (Forest Stewardship Council) e um polímero biodegradável compostável, a cápsula protege o café de alta qualidade da oxidação e garante a extração perfeita. Além disso, as cápsulas de NEO foram criadas para se decomporem, a exemplo das cascas de fruta, de forma natural e em cerca de seis meses. Elas têm os selos OK Compost Home e OK Compost Industrial, que comprovam sua compostagem doméstica e industrial pela certificadora ambiental TUV Áustria (REVISTA EMBALAGEM MARCA, 2022b).

Usando a chamada tecnologia SmartBrew, a máquina é capaz de identificar qual cápsula foi inserida em seu compartimento e ajustar parâmetros diferentes para extrair o café de forma perfeita, incluindo quantidade e temperatura da água e tempo de processamento. Vindo de fazendas localizadas no Cerrado Mineiro, Sul de Minas e Espírito Santo, o café Nescafé Dolce Gusto NEO® é 100% certificado por sistemas líderes no mundo para o cultivo e processamento sustentável de café, como o Código Comum para a Comunidade Cafeeira (4C), AtSource, Rainforest Alliance, entre outros (REVISTA EMBALAGEM MARCA, 2022b).

Ao passo que as cápsulas de NEO são compostáveis, feitas para desaparecer, as máquinas foram projetadas com foco na durabilidade. A partir do compromisso com a inovação sustentável de ponta a ponta, seu *design* resistente foi criado para dez anos de uso. Cuidadosamente pensada a fim de evitar o desperdício e prezar o meio ambiente, cada máquina é feita com peças de alumínio e plástico reciclados e pode ser reparada com muito mais rapidez e facilidade do que as comuns. Com desligamento automático, também garante consumo eficiente de energia (REVISTA EMBALAGEM MARCA, 2022b).

A Nestlé® é líder no mercado de café em cápsula. Além da Dolce Gusto®, também é dona da Nespresso®. Com a nova cafeteira, a gigante alimentícia se estabelece no terreno dos produtos alinhados à Agenda ESG (FOLHA DE S. PAULO, 2022b).

4.4.3 Veículos elétricos ou híbridos

A preocupação com a poluição nas cidades e seus efeitos adversos tem feito os governantes repensarem o tipo de frota de veículos. Em Zaragoza, na Espanha, uma leva dos primeiros 68 novos ônibus 100% elétricos aportou na cidade em agosto de 2022. Segundo Zaragoza (2022), esses ônibus representam uma nova etapa de modernização da rede de transporte urbano da capital aragonesa. Os novos veículos fabricados pela Irizar® representam um salto qualitativo quanto a desenho, comodidade e sustentabilidade. O projeto da cidade, batizado de Zaragoza Cero Emisiones (Zaragoza Zero Emissões) foi financiado pela União Europeia – NextGenerationEU.

A responsável pelos Serviços Públicos e Mobilidade destacou que "Zaragoza conseguiu esse feito graças ao trabalho antecipado realizado nesses projetos, possibilitando a eletrificação da frota de ônibus e a melhoria da capacidade da linha da *tranvía* (ou VLT, Veículo Leve sobre Trilhos). Não se trata, em todo caso, de proposta separadas: forma parte de nosso objetivo de que Zaragoza seja uma cidade climaticamente neutra em 2030, e para isso participam diversos serviços e áreas municipais" (ZARAGOZA, 2022).

Iniciativas sustentáveis como esta não são novidade em Zaragoza. Segundo *El Mundo* (2022), a cidade é considerada o "carro-chefe" em sustentabilidade, inovação e atração de empresas na Espanha. A capital da comunidade autônoma de Aragón aspira se situar na vanguarda da transformação sustentável unindo cuidado com o meio ambiente e o crescimento econômico.

Mas não apenas na Espanha que mudanças relacionadas ao transporte sustentável têm ocorrido. De acordo com Canaltech (2022), a Prefeitura de São Paulo decidiu apostar alto em energia limpa e, agora, as empresas ficarão proibidas de comprar ônibus a diesel para as frotas novas e obrigadas a investir apenas em elétricos movidos a bateria. A ordem faz parte do planejamento traçado na Lei 16.802/2018, que prevê a redução de 50% nas emissões de carbono pelos ônibus da cidade até 2028, e a neutralidade até 2038.

O prefeito da capital paulista também afirmou que a projeção exige que a cidade receba mensalmente cerca de 100 novos ônibus elétricos para que o cronograma possa ser cumprido. Segundo ele, os altos custos que as empresas terão na compra dos novos veículos serão "diluídos com o tempo", como já ocorre também com os carros elétricos. No entanto, o presidente da SPUrbanuss (Sindicato das Empresas de Transporte Coletivo Urbano de Passageiros de São Paulo), mostrou-se bastante preocupado com a determinação da administração pública. Segundo ele, "não se trata de substituir uma peça, mas o perfil das frotas de ônibus" (CANALTECH, 2022).

Mas também há otimismo no mercado. Em reportagem ao *Diário do Transporte* (2022), a Associação Brasileira de Veículos Elétricos (ABVE), que reúne as fabricantes de modelos elétricos e híbridos, informou que as indústrias que produzem ônibus movidos à eletricidade já teriam capacidade de atender à demanda por esses veículos que será gerada pela proibição pela SPTrans (São Paulo Transporte) de novos ônibus a diesel na capital paulista. O presidente da ABVE informou que as indústrias juntas têm capacidade de produção de 2 mil coletivos por ano. O número é superior à necessidade de renovação anual da frota de São Paulo, que varia entre 1 mil e 1,3 mil unidades. "Empresas instaladas no país como BYD®, Eletra®, WEG®, Scania®, Mercedes-Benz®, Moura®, Caio®, Marcopolo® e outras estão plenamente qualificadas e aptas a produzir mais de 2 mil ônibus elétricos por ano", diz o documento.

Em Curitiba, a transição da frota de ônibus movida a combustível fóssil para uma de veículos elétricos ou híbridos parece ser questão de tempo. Segundo *Ciclo Vivo* (2022b), a demonstração foi viabilizada como um marco para a chegada dos veículos para testes, nos termos do chamamento público feito pela prefeitura da capital paranaense. Todo o processo conta com o apoio de parcerias com diferentes atores do segmento, como o Projeto Tumi E-Bus Mission, que reúne entidades de fomento à eletromobilidade no mundo – WRI, 40Cities e GIZ.

"Eletrificar a frota de ônibus é um passo fundamental no caminho para cidades mais inteligentes e sustentáveis. A Enel X vai empregar toda sua *expertise* como líder em mobilidade, trazendo mais benefícios para a sociedade", diz o executivo responsável pela Enel X Brasil, linha de negócios do Grupo Enel®, dedicada a soluções em energia, que será responsável pelos estudos de viabilidade técnica e econômica do projeto de mobilidade em Curitiba, além da infraestrutura de recarga dos ônibus (CICLO VIVO, 2022b).

A eletromobilidade no transporte coletivo reduz a emissão de poluentes gerados pelo uso de combustíveis fósseis e ruído urbano, com impacto direto na saúde e na qualidade de vida do cidadão. No dia a dia, o usuário também é beneficiado pelo conforto dos veículos, equipados com ar condicionado, mais espaço entre as poltronas e com avançados sistemas de segurança. O ônibus da Higer® tem autonomia para rodar 270 quilômetros, capacidade para 89 passageiros – na configuração feita para Curitiba – e recarrega em até 3 horas. "Além de imprescindível para o enfrentamento das cidades às mudanças climáticas, a transição para ônibus elétricos representa um salto de qualidade para o setor", afirma a gerente de Mobilidade Urbana do WRI Brasil® (CICLO VIVO, 2022b).

Já em relação aos carros elétricos, sua disponibilidade no Brasil tem crescido a cada ano. Para UOL (2022e), não há como negar que os carros eletrificados (híbridos ou elétricos) já são realidade no Brasil. Ainda que, percentualmente, pareçam poucos, em setembro de 2022 foram 6,4 mil emplacamentos desse tipo de veículo no país, o maior desde 2012. Nos primeiros nove meses de 2022, o total de carros elétricos e híbridos vendidos no Brasil foi de 34,2 mil unidades, segundo dados da Associação Brasileira de Veículos Elétricos (ABVE).

Os carregadores públicos e semipúblicos, instalados em estradas, postos de combustível, *shoppings*, estacionamentos e supermercados, estão cada vez mais disputados.

Se antes ficavam ociosos, agora existe fila por recargas (UOL, 2022e). Contribuindo para facilitar a popularização do carro elétrico, a GWM Brasil® anunciou a implantação de uma rede de 100 pontos de recarga para veículos elétricos e híbridos no Estado de São Paulo. A estratégia faz parte de seu plano de eletromobilidade. O projeto visa auxiliar no desenvolvimento da infraestrutura necessária para impulsionar o mercado brasileiro de veículos elétricos (CICLO VIVO, 2022c).

A rede de recarga da GWM® será alimentada preferencialmente com energia limpa, na maioria dos casos por meio da instalação de placas fotovoltaicas. Nessa primeira fase do projeto, os 100 pontos de abastecimento serão distribuídos pelas principais cidades de São Paulo. A segunda etapa prevê a inauguração de eletropostos nos demais estados do país. A criação dessa rede se dará tanto por meio de parcerias locais quanto por operação direta (CICLO VIVO, 2022c).

E o mercado de carros elétricos está em alta. Na China, o carro elétrico continua quebrando seus próprios recordes. A prova está nos dados de vendas dos NEV (New Energy Vehicles, conjunto de veículos totalmente elétricos, híbridos *plug-in* e a célula de combustível), que em setembro de 2022 atingiu o recorde de cerca de 675 mil unidades. Foram 43 mil emplacamentos a mais do que os 632 mil em agosto de 2022, quando o país rompeu as 600 mil unidades pela primeira vez. Agora outro recorde, que confirma o poderoso crescimento da mobilidade sustentável à sombra da Grande Muralha (UOL, 2022f).

De acordo com a China Passenger Car Association (CPCA), os carros elétricos puros (ou BEVs) atingiram 507 mil emplacamentos, representando 75,1% de todos os NEVs. Os híbridos *plug-in* (ou PHEVs, veículos elétricos híbridos *plug-in*) também estão indo bem, com 168 mil registros, o que representa um aumento de 195% na comparação anual. A contribuição dos modelos a hidrogênio é insignificante. No entanto, números incríveis, possibilitados pelo aumento em junho, julho, agosto e setembro de 2022, em que as vendas na China sempre ultrapassaram o limite de 500 mil unidades. Em todo o ano de 2022, foram 4.341 milhões de entregas de NEVs (incluindo exportações), com média de 482.333 por mês (UOL, 2022f).

E uma empresa de aplicativos de viagens também tem se destacado na questão ambiental. Segundo *Exame* (2022b), mirando em mobilidade sustentável, a Uber® tinha, no primeiro semestre de 2022, mais de 1 mil motoristas dirigindo veículos elétricos. Trata-se do Uber Planet , uma nova categoria na plataforma que compensa as emissões de gás carbônico (CO_2) durante as viagens e que visa amenizar o impacto ambiental negativo da empresa. Entre os desempenhos mais notáveis, a empresa conseguiu fazer com que 22,5 milhões de usuários fizessem pelo menos uma viagem com Uber Planet, compensando 109 mil toneladas de CO_2 na América Latina.

No Brasil, a Uber®, em parceria com a Localiza Zarp®, Renault®, Raízen®, Tupinambá® e Carrefour®, anunciou a inclusão de 200 veículos elétricos para o aluguel por motoristas parceiros da plataforma em São Paulo. Além da iniciativa brasileira, a Uber® tem projetos com carros elétricos em outros países da região como Equador, Peru, Chile, México e República Dominicana (EXAME, 2022b).

4.4.4 Roupas feitas de celulose

Imagine uma roupa que não é feita de algodão ou de fibras sintéticas, mas de celulose. Ou seja, da mesma celulose do papel, que serve para gerar impressos como livros, cadernos, agendas e embalagens. O que poderia parecer algo que destoasse da realidade, agora é cada vez mais possível. Segundo *Exame* (2022c), de olho no mercado de moda sustentável, a brasileira Suzano®, maior fabricante mundial de celulose, formou uma *joint venture*[6] com a *startup* finlandesa Spinnova®. A parceria visa a construção de uma fábrica em escala comercial para produzir uma nova fibra verde feita de nanopartículas de celulose. A produção da nova unidade tem investimento orçado em 50 milhões de euros (60,7 milhões de dólares).

A parceria entre as duas empresas já gerou repercussão no setor da moda. De acordo com *Money Times* (2022a), a varejista de roupas sueca Hennes & Mauritz® disse que vai se unir ao grupo de marcas de moda escandinavas que participam do desenvolvimento de materiais para se tornarem clientes da fibra verde. A mudança segue uma tendência global no mundo da moda, em que empresas como Chanel® e H&M® buscam uma abordagem ecológica para atrair clientes e obter acesso ao mercado de títulos verdes. A H&M® está "testando continuamente e procurando ativamente integrar ainda mais o uso de materiais sustentáveis por meio das marcas do nosso grupo", disse um executivo da área de inovação da H&M®, em comunicado.

---

[6]. *Joint venture* significa um tipo de associação em que duas entidades se unem para tirar proveito de alguma atividade, por um tempo limitado, sem que cada uma delas perca a identidade própria (IPEA, 2022).

A entrada da H&M®, que opera mais de 5 mil lojas em mais de 70 países, abre caminho para os planos da Suzano® de ser um grande *player*[7] no segmento têxtil. Grande fornecedora global do material usado na fabricação de copos e lenços de papel, a empresa conta com uma equipe de quase uma centena de cientistas que pesquisam aplicações para a celulose além do papel, incluindo aquelas que visam substituir produtos de origem fóssil, como plásticos. "Não é um nicho de mercado para nós", disse o diretor de novos negócios da Suzano®. "Queremos ser um *player* relevante. Vamos competir com o algodão com vantagens de sustentabilidade e também com preço" (MONEY TIMES, 2022a).

Ao contrário da viscose, outra fibra têxtil também feita a partir da madeira, a matéria-prima usada pela Spinnova®, não contém produtos químicos para processar a celulose. Fabricada pela Suzano®, a celulose é refinada mecanicamente até que haja uma divisão em nanopartículas. "Usamos muito menos água do que o algodão em todo o processo, desde o cultivo do eucalipto até a produção da fibra", disse o diretor-executivo de tecnologia e inovação da Suzano® (EXAME, 2022c).

As pesquisas e desenvolvimento de novos negócios da Suzano® estão relacionados ao objetivo de ser uma produtora de soluções sustentáveis para o mundo. Para a empresa, o eucalipto é a base de suas atividades, e seus plantios podem gerar insumos renováveis para muitos outros negócios. Por isso, a organização adota a chamada "bioestratégia", que estuda soluções que envolvem a celulose e outros materiais

---

7. *Player de mercado* é um conceito usado para definir aquelas empresas que têm relevância no ramo em que atuam (SARDAGNA WEB, 2022).

vindos do eucalipto, que têm inúmeras possibilidades de aplicação (SUZANO, 2022).

A Suzano® pesquisa o desenvolvimento, a aplicação, a escalabilidade da produção e a comercialização de diversos materiais (SUZANO, 2022):

- Celulose microfibrilada: usada em papel, tintas, cosméticos e tecidos.
- Celulose nanocristalina: aplicada em óleo e gás, adesivo, tintas e cosméticos.
- Celulose solúvel e açúcares: usada na produção de fios têxteis e indústria química em geral, respectivamente.
- Biocompósitos: aplicados em diversas indústrias, como automotiva, embalagens e bens de consumo.
- Bio-óleo: referente a óleo de aquecimento e biopetróleo.

4.4.5 Projetos de compensação de carbono

Toda atividade humana impacta negativamente o meio ambiente, e dependendo do tipo de atividade, pode emitir gás carbônico na atmosfera, como é o caso do uso de transportes automotivos individuais ou coletivos. E se fosse possível quantificar as emissões geradas e poder compensá-las? É o que diversas empresas estão fazendo nos chamados "projetos de compensação de carbono".

Vai viajar de ônibus e deseja compensar a emissão de carbono individual dessa viagem? E se a viagem for de avião ou de trem?

Na França, há alguns anos os usuários de transporte podem fazer a comparação do carbono emitido de acordo com o tipo de veículo usado. São cinco meios de transporte:

trem, ônibus, *carpooling* (carona solidária), avião e carro próprio. A calculadora Éco-comparateur (Eco-comparadora) da empresa pública francesa SNCF® permite calcular a pegada de carbono de uma viagem, considerando os cinco meios de transporte supracitados. Segundo SNCF (2022), para usar este comparador de mobilidade basta o usuário inserir o nome das cidades de partida e chegada da viagem. Obtém assim um *ranking* do meio de transporte menos poluente, com base na quantidade de CO_2 emitida durante a sua viagem. Para facilitar o entendimento do usuário, a empresa converte o resultado encontrado com a duração normal de uso de um forno elétrico por uma casa francesa. Por exemplo, uma viagem entre Paris e Lyon representa um consumo de 1kg de CO_2; ou seja, corresponde em média a 1 mês de uso de um forno elétrico.

A Lufthansa®, companhia alemã de aviação mundial, que opera no transporte de passageiros e que tem mais de 400 subsidiárias e empresas associadas, possibilita que seu cliente possa compensar uma viagem. Segundo a Lufthansa (2022), dependendo do quanto deseja contribuir e o quão rápido deseja que as medidas tenham efeito, o usuário tem três opções: compensar as emissões de carbono do voo contribuindo com projetos de proteção climática de alta qualidade; usar combustíveis de aviação sustentáveis (SAF)[8];

---

8. O SAF usado pelo Lufthansa Group® é feito a partir de matérias-primas de acordo com a Diretiva de Energia Renovável (Artigo 30 de 2018/2001/UE) "RED II". Todo o SAF usado é certificado de acordo com o esquema ISCC ou RSB com um mínimo de redução de GHG de 80%. A Parte Renovável do Produto é produzida de forma sustentável e aceitável de ponto de vista ético fazendo uso de boas práticas agrícolas e industriais que respeitam todos os direitos laborais, e legislação, aplicáveis, todas as regulamentações ambientais incluindo,

ou uma combinação de ambos. Isso permite ao cliente a oportunidade individual de tornar a viagem neutra em carbono.

Alguns dos exemplos de projetos de proteção climática em colaboração promovidos pelo Lufthansa Group® incluem a restauração de turfeiras na Alemanha, a construção de unidades de biogás no Brasil, o uso de fogões economizadores de energia para as populações do Ruanda e do Quênia e a proteção de florestas ameaçadas na Tanzânia. Todos os projetos asseguram que, a longo prazo, as emissões de CO_2 serão reduzidas ou removidas da atmosfera. Os projetos ambientais fora da Europa estão certificados segundo as mais elevadas normas internacionais: Gold Standard ou Plan Vivo. Para além disso, os efeitos e a qualidade de projetos ambientais europeus locais são assegurados pelas normas nacionais como, por exemplo, as diretrizes MoorFutures, ou CH VER (LUFTHANSA, 2022).

Em relação à segunda opção, o denominado combustível de aviação sustentável (SAF) não é produzido de matérias-primas fósseis, mas a partir de óleos alimentares usados ou de resíduos agrícolas. Em comparação com o querosene convencional, o SAF poupa aproximadamente 80% das emissões de carbono e, portanto, reduz imediatamente as emissões de CO_2 relativas ao voo. A empresa faz uso da quantidade de SAF necessária para alcançar a redução total de carbono. As matérias-primas usadas para criar SAF não subtraem nada a alimentação de humanos ou animais e estão sujeitas a critérios de sustentabilidade rigorosos, checados por auditorias independentes. Todos os combustíveis de

---

embora sem carácter limitativo, a Convenção n. 138, a Convenção n. 182 e a Convenção n. 105 da OIT (LUFTHANSA, 2022).

aviação sustentáveis usados pelo Lufthansa Group® cumprem a Diretiva de Energia Renovável 2 (RED II) da União Europeia (LUFTHANSA, 2022).

No Brasil, três das principais companhias áreas também têm projetos de compensação de voos: Azul®, Gol® e Latam®. Segundo *Exame* (2022d), a Azul Linhas Aéreas Brasileiras® trabalha para alcançar a neutralidade na emissão de carbono em 2045, cinco anos antes da meta global. Para isso, tem concentrado seus esforços na redução das emissões de gases de efeito estufa (GEE) e na eficiência operacional. Uma das principais ações é a constante renovação da frota, com aeronaves de última geração, mais eficientes no uso de combustíveis. A estratégia prevê ainda aeronaves totalmente elétricas a partir de 2025, com emissão zero de carbono, e tecnologias inovadoras como hidrogênio e biocombustíveis *non-drop-in* (que podem ser misturados a querosene de aviação). Segundo a própria empresa, sua frota é a mais jovem do Brasil, com idade média dos aviões de 6,6 anos. Em 2021, 60% das aeronaves eram de nova geração e o plano é atingir 83% em 2023 e 100% em 2026.

Já a Gol Linhas Aéreas® concentra seus esforços para reduzir as emissões de gases de efeito estufa em ações como o aumento da eficiência no consumo de combustível, o desenho inteligente de malha aérea, avanços tecnológicos, melhorias operacionais e contribuição na cadeia de combustíveis alternativos. A companhia foi a primeira do setor na América Latina a estabelecer o compromisso público de zerar suas emissões de CO_2 até 2050 e também foi pioneira no lançamento de uma rota 100% carbono neutro no Brasil, de Recife-Fernando de Noronha (PE), em setembro de 2021. Desenvolvida em parceria com a Moss, uma das principais plataformas ambientais de créditos de carbono do mundo, a iniciativa neutralizou 7.295t de CO_2 em 953 voos de ida e volta entre a capital pernambucana e o arquipélago (EXAME, 2022d).

A Latam Airlines® também tem projetos desse tipo. A caminho de também ser carbono neutro até 2050, a Latam® se comprometeu a cortar 50% das emissões de seus voos domésticos até 2030. Para isso, a estratégia principal são projetos colaborativos de conservação e compensação de ecossistemas icônicos na América do Sul, em áreas que incluem Amazônia, Cerrado, Mata Atlântica e Chaco, por exemplo. O trabalho está sendo desenvolvido em uma parceria regional com a organização internacional The Nature Conservancy (TNC), além de alianças com entidades locais. O plano é que 1 milhão de toneladas de carbono sejam capturadas na primeira etapa do projeto, que vai de 2021 a 2023. Outra frente importante é o uso eficiente de combustível. Uma das ações nessa direção é a recente incorporação à frota de 70 aviões mais modernos, 20% mais eficientes no consumo de combustível (EXAME, 2022d).

No transporte rodoviário, a compensação de carbono também é uma tendência. A Viação Ouro e Prata® é a primeira empresa desse setor a minimizar seu impacto ambiental negativo, possibilitando aos seus clientes compensarem o carbono de suas viagens. De acordo com Ouro e Prata (2022), uma nova funcionalidade foi adicionada ao processo de vendas de suas passagens ao implementar o Selo Passagem Neutra. Ao adquirir a passagem pelo website, o cliente tem a opção de neutralizar o gás carbônico emitido na viagem mediante um "aceite", que estará disponível no carrinho de compras. Ao escolher a opção de neutralizar o carbono, o passageiro pagará uma taxa fixa de R$ 1,60, que será usada para a compensação do CO_2 emitido em sua viagem.

Após o pagamento da taxa, todo o valor arrecadado será revertido para projetos certificados de proteção climática e ambiental por meio de uma empresa de consultoria em sustentabilidade, parceira para a gestão dessa iniciativa. O valor obtido serve para apoiar projetos ambientais brasileiros certificados. Todas as iniciativas seguem padrões e normas internacionais, como: Verified Carbon Standard e ONU. O projeto apoiado pela Ouro e Prata® inicialmente será a Fazenda Florestal Santa Maria, situada dentro da área compreendida como Amazônia Legal, ocupando 71.714 hectares de floresta nativa, no município de Colniza (MT) (OURO E PRATA, 2022).

A funcionalidade chega à Ouro e Prata® para somar com outras ações focadas em reduzir os impactos negativos no meio ambiente. A empresa já desenvolve inúmeras práticas sustentáveis, como reciclagem de resíduos, captação e reutilização de água da chuva, central de tratamento para reutilizar a água usada na lavagem dos ônibus, programa de redução de emissão de CO_2 e gerenciamento de resíduos, com o objetivo de reduzir o descarte e reintroduzir os materiais para o uso novamente (OURO E PRATA, 2022).

Mas a compensação de emissão de carbono não se limita apenas ao setor de transportes. Os eventos também podem realizar compensações. Desde 2010, a Universidade Federal de Viçosa (UFV), localizada em Viçosa (MG), realiza iniciativas do tipo por meio do Programa Carbono Zero. Para UFV (2022), é cada vez mais importante definir ações e iniciativas para minimizar os impactos negativos dessas alterações. A fim de conciliar a preocupação ambiental da universidade, juntamente com a realização da Semana do Fazendeiro, evento de extensão que ocorre anualmente na UFV, foi criado em 2010 o Programa Carbono Zero. O programa surgiu a partir de uma iniciativa da Pró-Reitoria de Extensão e Cultura (PEC) em parceria com o Grupo de Estudos em Economia Ambiental e Manejo Florestal (Geea) do Departamento de Engenharia Florestal da UFV.

Inicialmente, os principais objetivos do programa foram quantificar, neutralizar e propor medidas de redução das emissões de Gases do Efeito Estufa (GEE) geradas no decorrer da organização e realização da Semana do Fazendeiro. Devido a uma crescente demanda de interessados em promover eventos neutros em carbono, ocorreu uma ampliação do programa para demais eventos da UFV. Além disso, o programa também desenvolve ações de educação ambiental direcionada a jovens e adultos participantes dos congressos. Dessa forma, atua na troca de informações junto aos produtores e demais visitantes dos eventos, acerca do balanço de carbono em propriedades rurais e urbanas, bem como outros temas relacionados às mudanças climáticas. A partir dos plantios de neutralização realizados pela equipe do Programa Carbono Zero, objetiva-se também gerar informações sobre adaptabilidade de espécies florestais, com vistas a subsidiar a composição arbórea de projetos de neutralização de carbono por meio do plantio de árvores (UFV, 2022).

4.4.6 Pagamento por serviços ambientais

Próximo à Viçosa, onde está localizada a UFV, outra cidade tem se destacado em relação a iniciativas ambientais. Desde 2018, o município de Ubá desenvolve o Programa Municipal de Pagamento por Serviços Ambientais (PSA). Segundo Ubá (2022), o PSA é um instrumento econômico que, seguindo o princípio "provedor-recebedor", recompensa e incentiva, por meio da transferência de recursos (monetários ou não), produtores rurais que ajudam a conservar ou produzir serviços ambientais ou ecossistêmicos, melhorando a rentabilidade das atividades de proteção e uso sustentável de recursos naturais. Desde 2018, ano de sua criação, o programa já conta com 97 produtores rurais contratados, inseridos na APA Miragaia (bacias hidrográficas a montante das duas captações de água para abastecimento da população) e em outras bacias do município, exceto as bacias do Rio Doce. Em apenas 3 anos, mais de R$ 148 mil foram pagos pela Prefeitura Municipal de Ubá aos produtores pelos serviços de revitalização, conservação e proteção ambiental executados em uma área de aproximadamente 280 hectares.

Em Minas Gerais também está o primeiro projeto bem-sucedido de Pagamento por Serviços Ambientais (PSA) do Brasil, localizado na cidade de Extrema, onde nasceu o projeto Conservador das Águas. Sua ideia principal é que a restauração das áreas no entorno de nascentes e mananciais contribua para a qualidade da água. O modelo usa fontes de financiamento público e investimentos de parceiros para incentivar a restauração por meio de pagamentos por serviços ambientais. Na prática, são assinados contratos com as propriedades rurais e, após a adesão, executam-se ações de restauração como o plantio de árvores nativas, implantação de bacias de contenção para a água da chuva e a construção de terraços (WRI BRASIL, 2022).

Desde 2005, quando o projeto foi implementado, já foram plantadas mais de 1,3 milhão de árvores nativas que produziram bilhões de litros de água com a conservação de mais de 6 mil hectares. Foram mais de 200 contratos efetivados com propriedades rurais beneficiadas pelo PSA. O sucesso levou o projeto a ser expandido para outros municípios de Minas Gerais (como foi o caso de Ubá), São Paulo e Rio de Janeiro por meio do programa Conservador da Mantiqueira. O projeto é realizado pela prefeitura de Extrema com o apoio da Agência Nacional de Águas (ANA), empresas da cidade, ONGs, entidades estaduais, universidades e centros de pesquisas, para apoiar produtores rurais na preservação de nascentes que possam ajudar a garantir a segurança hídrica da região (WRI BRASIL, 2022).

4.4.7 *Pegada de carbono e sua compensação*

Para o caso de uma pessoa querer compensar as suas emissões independentemente de haver feito uma viagem é possível que ela contabilize a sua "pegada de carbono" e depois faça a devida compensação. Para UOL (2022g), o termo é derivado da expressão inglesa *carbono footprint*, e diz respeito à quantidade de carbono emitida por pessoas, empresas ou tipo de atividade. Uma série de indicadores, que passam desde alimentação, ao tanto que se usa o carro ou outro transporte vão mensurar os cálculos da "pegada de carbono" e que vai indicar a quantidade de gases de efeito estufa (GEE) emitidos por uma pessoa.

Existem diversas "calculadoras" de "pegada de carbono" usando as mais variadas metodologias para seu cálculo. Ao fazer a quantificação resta ao usuário promover a efetiva compensação. Algumas plataformas já oferecem esse tipo de serviço. Segundo *Money Times* (2022b), a Environmental ESG® (EESG3), subsidiária da Ambipar® (AMBP3), lançou a plataforma Ambify, que possibilita à pessoa física reduzir emissões de carbono e o impacto negativo no meio ambiente de forma simples e acessível. O aplicativo faz uso da tecnologia *blockchain*[9] para conferir segurança e transparência às transações dos usuários. A ferramenta desenvolvida pela Ambipar® oferece o crédito de carbono fragmentado por quilo, democratizando esse mercado. Segundo a companhia, com a Ambify, é possível, por exemplo, pagar centavos para compensar uma refeição.

A proposta da plataforma é conectar as pessoas ao processo de transformação em direção a uma economia mais verde e de baixo carbono. No cálculo da "pegada de carbono" é possível descobrir o quanto cada pessoa deve compensar de acordo com seus hábitos. Em toda a compensação, a Ambify destina um percentual do valor, sem custo adicional ao usuário, para projetos sociais em uma das instituições parceiras de sua escolha: Instituto Jô Clemente, Médicos sem

---

9. *Blockchain* é um grande banco de dados compartilhado que registra as transações dos usuários. Os dados são imutáveis – ou seja, se as transferências foram validadas e registradas, são eternas e não podem ser alteradas. "A *blockchain* é uma engrenagem que estabelece relações de confiança no ambiente *online*, e essa confiança, por ser descentralizada, viabiliza relações não só com quem eu confio, mas com qualquer um, pois eu confio na tecnologia e na rede que sustentam essa distribuição", disse o coordenador de informática da PUC-Rio. Numa tradução livre, *blockchain* significa "corrente de blocos" (INFOMONEY, 2022a).

Fronteiras ou Instituto Luz Alliance. Os projetos de crédito de carbono são certificados e os códigos em *blockchain* auditados, ambos com reconhecimento internacional, dando a garantia de que cada crédito de carbono é aposentado e que o código cumpre os requisitos propostos (MONEY TIMES, 2022b).

4.4.8 Créditos de carbono

Um crédito de carbono é a representação de 1t de carbono que deixou de ser emitida para a atmosfera, contribuindo para a diminuição do efeito estufa. Existem diversas maneiras de gerar créditos de carbono, dentre elas, a substituição de combustíveis em fábricas, onde elas deixam de usar biomassas não renováveis, como lenha de desmatamento, e passam a usar biomassas renováveis, que além de emitirem menos gases geradores de efeito estufa (GEE), contribuem para a diminuição do desmatamento (SUSTAINABLE CARBON, 2022).

Dessa forma, a partir da diferença dos dois cenários, é calculado quanto de carbono deixou de ser emitido com essa substituição, gerando assim os créditos. O "crédito de carbono" é a moeda usada no mercado de carbono. Nesse mercado, empresas que têm um nível de emissão muito alto e poucas opções para a redução podem comprar créditos de carbono para compensar suas emissões. Assim, elas indiretamente ajudam a manutenção do projeto de redução e, além de equilibrar o nível de emissões de gases de efeito estufa (GEE) na atmosfera, contribuem para o desenvolvimento sustentável de comunidades pobres (SUSTAINABLE CARBON, 2022).

O mercado de créditos de carbono ainda gera muitas dúvidas a usuários poucos familiarizados com os termos e abrangência do negócio. Todavia, ele tem proporcionado muitas oportunidades, principalmente devido aos compromissos dos países firmados nas conferências mundiais do meio ambiente e também nas Conferências das Partes (COP)[10], além de servir para fortalecer a Agenda ESG de governos e empresas.

A estimativa é de que o mercado voluntário de créditos de carbono precisa crescer mais de 15 vezes até 2030 para cumprir as metas do Acordo de Paris, que pressupõe o atingimento do equilíbrio entre emissão e remoção dos gases causadores do efeito estufa até 2050. Nesse contexto, a negociação dos créditos de carbono é uma maneira de as empresas e países alcançarem suas metas de descarbonização.

Por exemplo, o Banco Nacional de Desenvolvimento Econômico e Social (BNDES)® anunciou em agosto de 2022 um edital de 100 milhões de reais para compra de créditos de carbono. De acordo com o BNDES (2022a), a ideia é apoiar o desenvolvimento de um mercado para comercialização desses títulos, além de chancelar padrões de qualidade para condução de projetos de descarbonização da economia. O edital do banco considera que são elegíveis projetos com foco em reflorestamento, redução de emissões

---

10. A Conferência das Partes (COP – Conference of the Parties) é o órgão supremo da Convenção-quadro das Nações Unidas sobre Mudança do Clima, adotada em 1992. É uma associação de todos os países membros (ou "partes") signatários da Convenção, que, após sua ratificação em 1994, passaram a se reunir anualmente a partir de 1995, por um período de duas semanas, para avaliar a situação das mudanças climáticas no planeta e propor mecanismos a fim de garantir a efetividade da Convenção (SÃO PAULO, 2022).

por desmatamento e degradação florestal, energia (biomassa e metano) e agricultura sustentável. Os critérios para seleção envolvem a avaliação do proponente, do projeto e do preço.

Em outra frente relacionada à sustentabilidade ambiental, o BNDES tem aprovado financiamentos condicionados à realização de inventário de gases de efeito estufa (GEE). Segundo o BNDES (2022b), a linha de crédito se chama BNDES Crédito ASG® e tem condições financeiras mais atrativas para clientes que comprovem eficiência e sustentabilidade em indicadores ambientais, sociais e de governança. A exigência do inventário para gases de efeito estufa possibilita o monitoramento deste poluente, contribuindo para a diminuição das fontes de emissões. Assim, de forma inédita, o Banco Nacional de Desenvolvimento Econômico e Social (BNDES)® aprovou uma operação que terá como contrapartida um compromisso público para realização de inventário de gases do efeito estufa.

O financiamento, no valor de até R$ 32 milhões, foi concedido ao Grupo Cipalam® – empresa de Ipatinga (MG), e que é produtora de aços laminados; ou seja, que está dentro do âmbito do BNDES Crédito ASG®. O programa segue o inovador conceito Sustainability Linked Loan (SLL), ou, em português, "empréstimos vinculados à sustentabilidade", ofertando condições financeiras mais atrativas para clientes que comprovem a melhoria de indicadores, estimulando práticas empresariais mais eficientes e sustentáveis nos aspectos ambiental, social e de governança; ou seja, na Agenda ESG (BNDES, 2022b).

O BNDES® terá, até o final 2023, contabilidade de emissões de carbono para todos os empréstimos realizados.

O anúncio foi feito pelo presidente do banco na COP27, a conferência do clima da ONU, realizada em Sharm el--Sheikh, no Egito, em 2022. "Não faz sentido, para o BNDES®, estar em projetos que não sejam sustentáveis", afirmou o presidente do banco, que participou de um evento organizado pelo Pacto Global da ONU no Brasil. A agenda ESG cresceu no banco de desenvolvimento. Na COP27, o BNDES® também anunciou uma série de compromissos climáticos de longo prazo. O objetivo é atingir a neutralidade em carbono até 2050, em todas as suas operações (EXAME, 2022e).

Para a atual gestão do banco de desenvolvimento, o papel de fomentar a transição para a economia de baixo carbono deve ser uma estratégia perene, mirando 2050. As metas anunciadas na COP27 são abrangentes e contabilizam todos os negócios do banco: carteiras direta e indireta, financiamento e investimentos. Até o final de 2023, todos os projetos com participação do BNDES® terão seus inventários de carbono, que serão "oportunamente neutralizados". O plano é consolidar o papel da instituição financeira como o principal agente de fomento da nova economia no país. Para a gestão atual do banco, uma agenda ESG institucionalizada, com compromissos e metas de longo prazo, é o maior legado a ser deixado (EXAME, 2022e).

Segundo Sustainalytics (2022), as empresas podem alavancar seu desempenho ESG para melhorar seus resultados e o seu desempenho ESG geral por meio de Empréstimos Vinculados à Sustentabilidade (Sustainability Linked Loan – SLL). Os SLLs dão aos mutuários a oportunidade de aplicar o empréstimo para fins comerciais gerais, pois os termos estão vinculados exclusivamente ao desempenho ESG do mutuário, e não ao uso dos recursos ou dos projetos financiados. Essa flexibilidade tornou a SLL uma alternativa popular ao tradicional aumento de capital e dívida.

Exercícios

1) Qual a importância da legislação em regular a oferta de produtos, embalagens e sacolas plásticas nas empresas? E como isso pode afetar os hábitos dos consumidores?

2) Quais estratégias são importantes para fazer com que os consumidores abracem a causa ambiental?

3) Como as certificações e os selos ambientais podem ajudar no combate ao *greenwashing* (lavagem verde)?

4) Por que as certificações e os selos ambientais favorecem as práticas ESG? Quais os tipos de certificações de natureza ambiental que você conhece? Você já comprou algum produto certificado?

5) Por que é importante que uma empresa repense continuamente o projeto de seus produtos? Qual o papel da tecnologia nesse processo?

6) O que é "produção mais limpa" (P+L), ecoeficiência e *ecodesign*? Como elas se alinham com as estratégias ESG de uma empresa?

7) Quais exemplos de embalagens sustentáveis que você conhece? Qual a sua opinião sobre embalagens que trocam o plástico pelo papel ou papelão?

8) Você já calculou a sua "pegada de carbono"? Se sim, já fez a compensação do carbono que emitiu?

9) Você pagaria a taxa de compensação de carbono em uma viagem de ônibus, trem ou avião? Justifique sua resposta.

10) Você faz uso de máquina de cápsulas de café? Se sim, o que faz com as cápsulas usadas? Qual a sua opinião sobre

as alternativas mostradas no capítulo: cápsulas de resíduos do próprio café e cápsulas de papel?

11) Qual o material das roupas que você usa? O que acha da possibilidade de se vestir com roupas feitas de fibras de celulose?

12) Qual a sua opinião a respeito da renovação da frota de veículos que usam combustíveis fósseis por veículos híbridos ou elétricos? Quais as maiores dificuldades para a sua implementação?

13) Como ficaria a questão do uso de energia elétrica, sendo que teria que ser suficiente para abastecimento das residências, das indústrias e agora também dos veículos? Será que haveria disponibilidade? E o uso da energia solar e eólica, poderia compensar o uso da energia elétrica nos veículos?

14) Você conhece algum projeto de pagamento por serviços ambientais? Se fosse sugerido a você pagar uma taxa adicional em sua conta de água para que esse valor fosse revertido aos proprietários rurais para que mantivessem suas florestas intactas, bem como os recursos hídricos de suas propriedades, você estaria disposto a pagar? Justifique sua resposta.

5
A letra "S" do ESG – social

5.1 A interdependência do social e do ambiental

O modelo proposto para entendimento do ESG no capítulo 3, e agora apresentado novamente na Figura 5.1, mostra a *interdependência* do social (hachurado na figura) com o ambiental.

Não poderia ser diferente, pois as atividades das pessoas (aspecto social) podem impactar negativamente no meio ambiente. Isso pode ser visto em um exemplo simples. Imagine que uma pessoa descarte o lixo em um rio. Essa ação polui suas águas e provoca a mortandade de peixes (aspecto ambiental). Por sua vez, a poluição dos rios (aspecto ambiental) pode acarretar a proliferação de insetos e roedores e se voltar contra o próprio ser humano, desencadeando doenças diversas (aspecto social).

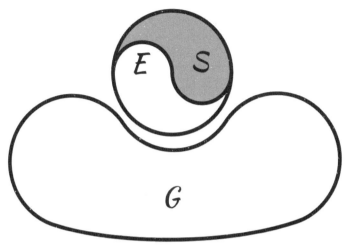

Figura 5.1 A letra "S" do ESG – social
Fonte: autor do livro.

Ter um mundo ambientalmente viável e socialmente justo passa pela modificação do hábito das pessoas. O bem-estar ambiental e social deve ser entendido não apenas enquanto direito, mas também dever das pessoas. A mudança para um consumo consciente, por exemplo, passa pela cultura, e muitas vezes é um processo de transformação demorado.

Mas, para que o sucesso em termos sustentáveis e sociais ocorra, também é fundamental que haja, da parte do setor empresarial, as mudanças necessárias e que se reflitam em condutas ambientais e sociais mais proativas.

5.2 Responsabilidade social e ambiental das organizações

A internet e as redes sociais têm proporcionado grande visibilidade às organizações. Isso representa um fator positivo para elas, pois facilita a divulgação de seus produtos, serviços e marcas; todavia, em outra mão, torna a empresa mais vulnerável à opinião pública no que concerne a suas práticas e ações. Assim, as pessoas influenciam e são influenciadas pelo meio onde vivem e, por conseguinte, pela cultura em que estão inseridas.

A influência das empresas é exercida não apenas no que diz respeito ao que é chamado de seus *stakeholders* diretos (funcionários, sindicatos, acionistas, fornecedores, clientes), mas também de outras partes interessadas que representam toda a sociedade (associações, meios de comunicação, residentes, consumidores, entre outros). Alterações climáticas, biodiversidade, acesso à água, direitos humanos, diversidade e igualdade profissional, saúde, segurança e bem-estar no trabalho, respeito pelo consumidor, diálogo social, transparência e dever de explicar às partes interessadas são temas que estão envolvidos em suas atividades diárias (MÉAUX; JOUNOT, 2014). Deve-se levar em conta que, embora haja pessoas que sejam responsáveis pelas organizações, como gerentes, funcionários ou proprietários, elas são, primeiramente, na realidade, cidadãos, usuários de serviços de luz, água, saúde, farmacêuticos; ou seja, da infraestrutura da sociedade em que vivem (BACKER, 2002).

De acordo com Sukhdev (2013), a maior parte do desenvolvimento das empresas ocorreu entre os anos de 1820 até o início do século XX, e elas se libertaram de qualquer objetivo social e estabeleceram a primazia dos lucros sobre qualquer outro fator, até mesmo aquele relacionado ao meio ambiente. O autor relatou, ainda, que o modelo de corporação atual, iniciado em 1920, baseia-se em quatro premissas, sendo a primeira a busca de tamanho e escala; o *lobby* agressivo para a obtenção de vantagem regulatórias e competitivas; amplo uso de publicidade sem considerações éticas para influenciar o consumo; e, por fim, uso agressivo de fundos emprestados para alavancar os investimentos feitos pelos acionistas em sua corporação.

Com as mudanças pautadas na necessidade de relevância dos aspectos sociais e ambientais, tanto por parte das empresas como por parte de pessoas e governos, progressos têm ocorrido no mundo empresarial. Sukhdev (2013) propôs que a "nova corporação" apresente quatro características: o alinhamento das metas com a sociedade; o entendimento da corporação como comunidade; da corporação como instituto; e, finalmente, do entendimento da corporação como uma fábrica de capital.

Um aspecto importante nesse processo de mudança de postura é a busca pela Responsabilidade Social Empresarial (RSE), que pode ser definida como o estímulo a um comportamento organizacional que integra aspectos sociais e ambientais que não estão, necessariamente, contidos na legislação, mas que visam atender aos anseios da sociedade, em relação às organizações.

De acordo com Laville (2009), a Responsabilidade Social Empresarial (RSE) conheceu três fases:

1) Um tempo "pré-histórico", chamado RSE 0.0, marcado pela postura filantrópica, e que se desenvolveu dos anos de 1980 até meados dos anos de 1990. Nessa fase, as empresas deram-se conta de que não poderiam prosperar em ambientes naturais ou sociais que declinam. Buscaram se engajar da maneira mais fácil, por meio da redistribuição de parte de seus benefícios a

organizações de proteção ao meio ambiente, defesa de direitos humanos ou de lutas contra forma de exclusão sem, contudo, alterarem o seu modelo econômico e sua estratégica.

2) A "idade de ouro", na qual surge, propriamente dito, o conceito de RSE (RSE 1.0) e que vai de meados dos anos de 1990 a meados dos anos de 2000. Caracterizou-se pelo enriquecimento da abordagem precedente, com posturas mais ativas em defesa da ecoeficiência e de prevenção de riscos, principalmente aqueles que poderiam ter maior efeito sobre as reputações. Com a abertura para o exterior, e para os problemas sociais e ambientais, as empresas foram confrontadas com questionamentos internos e externos a respeito do impacto sobre problemas relacionados às suas próprias práticas institucionais.

3) A "nova fronteira das políticas de desenvolvimento sustentável", chamada pela autora de RSE 2.0, corresponde a uma revolução que apenas se iniciou, mas que poderá ter importante impacto nas políticas de desenvolvimento sustentável de grandes grupos. Significa incorporar, efetivamente, à estratégia da empresa e ao seu modelo econômico, uma abordagem orientada não mais para a prevenção dos riscos ambientais e de imagem, mas sobretudo para as oportunidades de mercado relacionadas ao fornecimento de soluções sociais e ambientais. Um sinal dessa mudança são as ambiciosas reviravoltas estratégicas anunciadas por grandes grupos internacionais.

A dinâmica do mercado e dos fatores políticos, sociais e econômicos influencia a vida das empresas, seja por meio de aumento de custos de matérias-primas, seja por variação cambial, aumento de concorrência, regulamentação de impostos, entre outros. Todavia, as empresas (e não somente as grandes) também influenciam o mercado como um todo, buscando adaptar-se às constantes mudanças ocorridas. Para que haja eficiência nesse processo, torna-se vital que a empresa conheça bem o ambiente em que atua, considerando-se, nesse caso, principalmente concorrência, fornecedores, clientes e governo.

Além das certificações de cunho ambiental, algumas empresas podem buscar a participação em associações que tenham a sustentabilidade ambiental como filosofia de negócio e norteador de suas condutas. São os casos das empresas "B" e das Benefit Corporations.

5.3 Empresas "B" e Benefit Corporations

Imagine uma organização que modifique radicalmente sua visão de negócios e passe de uma entidade que vise apenas lucros para uma instituição que vise lucros mas que também trabalhe os aspectos sociais e ambientais em seu negócio; e que isso não seja apenas um discurso, ou teoria, mas que efetivamente seja aplicado na prática. Empresas assim teriam de buscar soluções para problemas sociais e ambientais, sem descuidarem da saúde financeira.

Apesar de relativamente pouco conhecidas, várias organizações agem dentro desses princípios sociais e ambientais. São as conhecidas empresas "B" e Benefit Corporations. De acordo com Jacobi e Besen (2017), no movimento global do sistema B, as organizações objetivam o desenvolvimento das comunidades, bem como soluções para os problemas relacionados a mudanças climáticas e redução da pobreza. Esse conceito foi criado pela organização sem fins lucrativos B Lab, com sede na Pensilvânia, Estados Unidos, em 2006. Segundo o site do Certified B Corporation (2022), o primeiro estado norte-americano a autorizar as B Corps foi Maryland no ano de 2010, facilitando a formação de organizações com objetivo explícito de fazer negócios por meio de transformações sociais e ambientais.

Existe, no entanto, uma confusão quanto à classificação das Benefit Corporations e das empresas "B" (certificadas), pois ambas geralmente são denominadas *B Corps*. Jacobi e Besen (2017) destacaram que é comum, e compreensível, que haja essa confusão. Os autores explicaram que, apesar da semelhança de vários aspectos em comum, há diferenças entre elas. Enquanto a certificação de empresa "B" é dada pelo B Lab, a Benefit Corporation é um *status* legal concedido pelo Estado, na qual a empresa está estabelecida.

As organizações pertencentes ao sistema B, mais do que simplesmente organizações não governamentais, são caracterizadas por agentes de um movimento global que busca criar um ecossistema de mudanças sociais e ambientais positivas no planeta. O objetivo do sistema B é impulsionar as empresas a fazerem parte de um movimento de mudança e de construírem juntas um mundo melhor. Segundo Jacobi e Besen (2017, p. 749), as empresas do sistema B "[...] representam uma inovação em relação às formas existentes de certificação e/ou autodefinição focada na responsabilidade empresarial e socioambiental." Essas empresas visam gerar prosperidade durável e compartilhada, já que as futuras gerações serão diretamente afetadas pelas ações dessas organizações.

De acordo com Della Mea (2013), cinco aspectos ajudam na definição do que são as empresas do Sistema B:

1) Pessoas e problemas.

2) Finalidade que avança para além da estratégia empresarial.

3) Sentimento de pertencimento, comunidade e redarguia.

4) Responsabilidade financeira dos gerentes e da direção.

5) Certificação, transparência e legislação.

As empresas "B" podem ser caraterizadas por três aspectos (SISTEMA B, 2016):

1) Resolver problemas sociais e ambientais com base em produtos e serviços que vendem, bem como em suas práticas laborais e socioambientais, e seu envolvimento com comunidades, fornecedores e públicos de interesse.

2) Para se tornar uma empresa "B" elas passam por um rigoroso processo de certificação que examina todos os seus aspectos. Elas empresas devem atender aos padrões de desempenho mínimos, além de assumirem forte compromisso com a transparência ao relatar publicamente seu impacto socioambiental.

3) A empresa "B" também necessita fazer mudanças legais para proteger a sua missão ou finalidade comercial e, portanto, combinar o interesse público com o privado. Isso ajuda a construir uma confiança com cidadãos, clientes, colaboradores e novos investidores.

O movimento está distribuído por vários países. Na América do Sul, o Chile foi o primeiro a adotar o sistema B, seguido por Argentina e Colômbia. No Brasil, esse novo conceito chegou em 2013. No mundo inteiro, existem mais de 1 mil empresas certificadas, e metade delas somente nos Estados Unidos.

Para ser uma empresa "B", aquela com certificação, existe um longo caminho, que inclui questionários, entrevistas e visitas às suas dependências.

Qualquer empresa pode ser uma empresa "B", contanto que tenha práticas para isso. Uma empresa "B" deve se comprometer a ter altos padrões de gestão e transparência, gerar benefícios sociais e ambientais, assim como fazer uma alteração no estatuto social, em que se comprometa a ser uma empresa *para* o mundo, e não *do* mundo, ajudando a redefinir o conceito de sucesso empresarial. O acesso à certificação é disponível publicamente no website do sistema B e, após a avaliação, uma empresa precisa somar um mínimo de 80 pontos, entre os 200 disponíveis, obtendo, assim, a certificação da B Lab (SISTEMA B, 2016).

Uma vez certificadas, segundo Jacobi e Besen (2017), as empresas "B" fazem parte de um conjunto de empresas que se destacam pela visão de aprendizagem coletiva, redução de custos por serviços coletivos, interdependência entre as empresas "B", na medida em que se estimula a criação de uma cadeia para valorizar e comprar de outras empresas parceiras. Além disso, seu sucesso e *status* não se mede apenas pelos dividendos e satisfação de empregados, mas principalmente por sua capacidade de resolver a maior quantidade de problemas sociais e ambientais, sendo capazes de mensurar e apresentar resultados para a sociedade. Adicionalmente, de acordo com Jacobi e Besen (2017, p. 752), "a direção dessas empresas não responde apenas aos acionistas para receber benefícios, mas se amplia à responsabilidade dos demais *stakeholders* da cadeia de valor, do meio ambiente e das comunidades onde operam".

No Brasil, é exigido que as empresas façam uma modificação no estatuto social. Basicamente, elas devem inserir duas cláusulas que dizem que a empresa se compromete a gerar benefícios para a comunidade, e não apenas para seus acionistas, e isso se torna um grande desafio para a aceitação dessas empresas. Muitas empresas ainda não entraram para o movimento porque essa mudança no estatuto é mais complicada de se fazer e muita gente não quer se comprometer (VIEIRA, 2014).

Além disso, cada empresa passa por uma avaliação rigorosa em que é preciso alcançar uma pontuação mínima entre as 160 perguntas disponibilizadas. E não basta o esforço inicial, pois, para manter o selo, a cada dois anos a empresa precisa provar que suas práticas e políticas de sustentabilidade estão avançando. Segundo Vieira (2014), o sistema B não é apenas uma certificação; mais do que isso, é um movimento de empresas. A forma para identificar quem são essas empresas e como colaboram com o mundo é uma poderosa metodologia e que serve para avaliar os impactos que as empresas geram. A certificação em si não é o "fim" de um processo – que dura de dois meses a um ano –, mas sim o início de uma interação sistemática entre iguais.

O principal benefício de uma empresa "B" é o seu engajamento, pois ela deve ser capaz de se empoderar e liderar esse movimento de modificação no mundo. Para isso, as empresas precisam se comunicar, fazer negócios entre si e, assim, gerar benefícios tanto para elas como para a sociedade. Uma empresa grande certificada, como a brasileira Natura®, por exemplo, ajuda a provocar mais interesse e disseminação da ideologia social e ambiental para outras corporações. Se por um lado este objetivo está sendo cumprido, por outro ele também convive com uma realidade difícil e comum a muitas ONGs, pois muitas empresas ainda não optaram por ser certificadas porque não sabem do que se trata, e, por isso, o sistema tem aumentado sua comunicação perante o mundo empresarial (VIEIRA, 2014). Em termos mundiais, empresas "B" como a Patagônia®, famosa organização do setor de roupas esportivas e acessórios de aventura, também ajudam a aumentar a visibilidade e o envolvimento de outras empresas no sistema.

Especificamente em relação às Benefit Corporations, o outro tipo de empresas do sistema B, Haigh e Hoffman (2012) consideraram-nas organizações híbridas. Segundo os autores, seu modelo organizacional é direcionado para a sustentabilidade, pois, em vez de focar como reduzir os impactos negativos de sua atividade, essas empresas enfatizam a promoção de melhorias socioambientais por meio de suas práticas e seus produtos.

Para Abramovay (2012), embora elas assumam um compromisso voluntário, este passa a ter força legal, pois a empresa compromete-se a ser avaliada periodicamente por agentes independentes que verificam se, de fato, ela apresenta impacto ambiental negativo nas atividades que desenvolve. Ainda segundo o autor, se uma Benefit Corporation tiver dificuldades e necessitar adiar o cumprimento de seus compromissos socioambientais para manter a sua rentabilidade, ela pode ser enquadrada como descumpridora das cláusulas contratuais, que são tão importantes como a geração do lucro, e, assim, ser processada e punida.

Em um mundo em que os aspectos sociais e ambientais são cada vez mais discutidos e incorporados nas estratégias empresariais, o surgimento de novos modelos de negócios como os apresentados pelas empresas do sistema B (sejam as empresas "B", certificadas, sejam as Benefit Corporations) representa importantes apostas no diálogo que deve haver entre empresas e demais *stakeholders*, como concorrentes, fornecedores, sociedade, governo, clientes, entre outros. A confiança proporcionada por esse diálogo pode ajudar nas relações pautadas pela confiança e favorecer a melhoria da imagem institucional e a perenidade dos negócios.

Outra situação que reflete bem a união entre os aspectos sociais e ambientais é a logística reversa.

5.4 O aspecto social da logística reversa

A produção de um bem qualquer representa apenas uma etapa do ciclo de vida de um produto, que ainda deve chegar ao consumidor para, posteriormente, ter uma destinação final.

Para que esse novo bem chegue ao consumidor é necessário estabelecer atividades de logística (aqui chamadas de logística tradicional); e, para que ele tenha uma destinação correta, é necessário estabelecer atividades de logística reversa.

A logística tradicional pode ser entendida como as atividades de planejamento, implementação e controle de todo o fluxo e armazenagem de produtos, bem como os serviços e informações associados, cobrindo desde o ponto de origem até o ponto de consumo. Seu objetivo é o atendimento dos requisitos e exigências do consumidor. Essa definição é adotada pelo Council of Supply Chain Management Professionals dos Estados Unidos (LEITE, 2017).

Já a logística reversa corresponde às atividades visando a reaproveitamento de sobras de matérias-primas, reciclagem ou reúso de materiais, podendo ou não ser incorporados no processo produtivo, bem como na reutilização de água.

No processo de desenvolvimento da logística, seja ela tradicional, seja reversa, é importante destacar como ocorrem as transações comerciais. A troca de bens e serviços por dinheiro constitui a base do comércio moderno. Algumas vezes, no entanto, a transação pode ocorrer sem o dinheiro; ou seja, troca-se uma mercadoria ou serviço por outra coisa não monetária. Essa prática é conhecida por escambo.

Em geral, uma cadeia produtiva começa com os produtores ou fornecedores, passa pelo fabricante, depois atacadista, varejista e, por fim, chega ao consumidor final. Dessa forma, os fabricantes adquirem matéria-prima e componentes dos fornecedores ou produtores e comercializam seus produtos a atacadistas, que, por sua vez, vendem aos varejistas. Em alguns casos, podem não existir atacadistas atuando no canal de comercialização, o que faz com que os fabricantes comercializem seus produtos diretamente com os varejistas. Por fim, os varejistas vendem seus produtos aos consumidores finais. Com o surgimento e expansão das atividades de comércio eletrônico, alterações podem ocorrer nessa estrutura, eliminando alguns intermediários da cadeia.

O mais importante, contudo, é que a cadeia seja gerenciada como um processo de negócios que conecta os clientes com a organização, estendendo-se para cima até a base de fornecedores. Kotler e Armstrong (2015) desenvolveram uma teoria chamada "cadeia de demanda" e que apresenta os possíveis parceiros dos níveis *acima* e *abaixo* de uma empresa que fabrica produtos.

Para os autores, a cadeia de nível *acima* da empresa representa o conjunto de organizações que vão fornecer algum tipo de insumo, matéria-prima ou serviço para a empresa. Para Alves (2017), no caso de um produto verde, poderia fazer parte dessa cadeia: o produtor que cultiva o arroz orgânico certificado, por exemplo, os fornecedores de peças e componentes das máquinas usadas na fábrica, as empresas que oferecem cursos de capacitação para os empregados e gestores, as empresas que prestam serviços de diversas naturezas, como contabilidade e informática, além dos possíveis financiadores das atividades da empresa, como bancos que podem lhe emprestar dinheiro ou acionistas.

A rigor, a empresa poderia oferecer o produto diretamente ao consumidor sem precisar passar por diversos intermediários, como distribuidores, atacadistas e varejistas. Apenas o *fabricante* (empresa em questão) e o *consumidor* (sejam pessoas ou outras empresas) aparecem sempre na cadeia de demanda. Os demais podem ou não fazer parte da cadeia, dependendo da configuração que foi construída.

Embora a empresa acabe entregando parte do controle de *como* e *para quem* os produtos serão vendidos, a introdução de outras organizações na cadeia de demanda tem sua importância. Segundo Kotler e Armstrong (2015), o uso de intermediários deve-se à maior eficiência deles em oferecer mercadorias para o mercado consumidor. Além disso, graças a seus contatos, experiência e escala operacional, geralmente os intermediários oferecem à empresa mais do que ela conseguiria realizar por conta própria.

Tradicionalmente, no entanto, as empresas enfatizam mais os níveis abaixo da cadeia de demanda, já que eles estão mais relacionados com o mercado consumidor e representam a ligação delas com os clientes.

Tanto as organizações dos níveis acima como as do nível abaixo podem participar de cadeias de demanda de outras empresas, contudo é o desenho único da cadeia de cada empresa que lhe permite entregar valor superior aos clientes (KOTLER; ARMSTRONG, 2015).

Quando as organizações de uma cadeia de demanda trabalham em sintonia e com direitos e deveres respeitados, com foco na satisfação dos clientes, é possível construir uma rede de valor. Para Kotler e Keller (2013), uma rede de valor representa um sistema de parcerias e alianças que a empresa cria para produzir, aumentar e entregar seus produtos ao mercado e inclui as organizações dos níveis acima e abaixo dela. Adicionalmente, a rede de valor inclui relações valiosas com terceiros, como pesquisadores acadêmicos e agências governamentais regulamentadoras.

Para intensificar a estrutura da rede de valor, muitas empresas desenvolvem, em parceria com as demais organizações da cadeia de demanda, um sistema integrado de Supply Chain Management (SCM)[11] e Client Relationship Management (CRM)[12], no qual se une o potencial da tecnologia de informação com as estratégias de *marketing* de relacionamento[13] para gerar negócios mais lucrativos, de longo prazo.

Ao gerenciar intermediários, a empresa deve decidir quanto esforço vai dedicar às estratégias de pressão (*push*) e de atração (*pull*). Esses dois tipos de estratégia devem manter e reforçar a conscientização do consumidor com relação aos seus produtos. A diferença entre elas é destacada a seguir, conforme Shimp (2001) e Kotler e Armstrong (2015):

a) Estratégia de pressão ou de empurrar (*push*): nessa estratégia a empresa procura "empurrar" o produto pelos canais de distribuição até o consumidor final. Geralmente envolve descontos agressivos e esforços

---

11. Supply Chain Management (SCM), ou Gerenciamento da Cadeia de Suprimento, é a integração entre os processos ao longo da cadeia de suprimento na qual os participantes não somente se preocupam com os fluxos de materiais, informação e dinheiro, mas também atuam de forma uníssona e estratégica, buscando os melhores resultados em termos de redução de custos, de desperdícios e de agregação de valor para o consumidor final (NOVAES, 2015).
12. Client Relationship Management (CRM), ou Gerenciamento do Relacionamento com o Cliente, é uma abordagem de gerenciamento que busca criar, desenvolver e aperfeiçoar relacionamentos com clientes cuidadosamente visados. O CRM começa com uma revisão detalhada da estratégia da empresa e termina com uma melhoria do valor para o acionista e para o cliente. Envolve aquisição, análise e uso do conhecimento de clientes para venda mais eficiente de produtos e serviços (CHRISTOPHER; PAYNE, 2005; MADRUGA, 2010).
13. *Marketing* de relacionamento é uma estratégia usada para atrair, realçar e intensificar o relacionamento com os consumidores (clientes finais, intermediários e potenciais), fornecedores, parceiros e entidades governamentais e não governamentais, por meio de uma visão de longo prazo, no qual há benefícios mútuos (MADRUGA, 2010).

de venda pessoal para obter a distribuição de uma nova marca por meio de atacadistas e varejistas.

b) Estratégia de atração ou de puxar (*pull*): nessa estratégia a empresa direciona suas atividades de *marketing* (principalmente propaganda e promoção de vendas) ao consumidor (clientes atuais e potenciais) para induzi-lo a comprar seu produto. Caso tenha sucesso na empreitada, a ideia é que os consumidores demandem o produto dos membros do canal, que, deverão, então, demandá-los dos fabricantes. Assim, a demanda do consumidor "puxa" o produto pelos canais. Há uma ênfase relativamente pesada em publicidade orientada para o consumidor, de forma a encorajar sua demanda por uma nova marca e, com isso, obter distribuição no varejo.

Embora algumas empresas se concentrem em estratégias de *pressão* e outras em estratégias de *atração*, o mais comum é a empresa fazer uma combinação das duas. Importante destacar que o *consumidor* mencionado não se refere apenas aos consumidores pessoa física, mas também às pessoas jurídicas (empresas e demais tipos de organizações). Uma grande empresa de papel, por exemplo, pode exigir uma celulose certificada de seus fornecedores e, para isso, exercerá a estratégia de "puxar" a demanda (ALVES, 2017).

Na estratégia de pressão (*push*), a empresa deve empregar equipes de vendas e promoções dirigidas ao revendedor para induzir os intermediários a expor, promover e vender o produto aos usuários finais. É uma estratégia especialmente interessante quando o grau de fidelidade à marca é baixo, quando a escolha da marca é feita na loja, quando o produto é comprado por impulso ou então quando seus benefícios são bem conhecidos. Na estratégia de atração (*pull*), a empresa deve fazer uso da propaganda e da promoção ao consumidor para induzi-lo a pedir o produto aos intermediários, fazendo com que estes o encomendem. É uma estratégia apropriada quando há alto grau de fidelidade à marca e grande envolvimento na categoria do produto, quando as pessoas percebem diferenças entre as marcas e quando escolhem a marca antes de ir à loja (KOTLER; KELLER, 2013).

A estratégia de atração (*pull*) é especialmente interessante para os produtos verdes que desejam enfatizar sua qualidade ambiental. Orientar e educar o consumidor a respeito de atributos relacionados à saúde e ao meio ambiente pode fazer com que as pessoas passem a pedir o produto verde nos estabelecimentos comerciais.

Sobre esse aspecto, Ottman (2012) destacou que os consumidores de hoje estão fazendo mais do que apenas conferir preços e procurar por marcas familiares dentro dos mercados. Eles reviram as embalagens à procura de descrições mais detalhadas. Embora questões de desempenho, preço e conveniência continuem sendo importantes, os consumidores querem saber a respeito das especificidades de um produto, quanta energia é necessária durante o uso e se um produto e sua embalagem podem ser descartados com segurança. Além disso, continua a autora, como resultado da sustentabilidade e também de preocupações sociais (p. ex., o trabalho infantil e o comércio justo), os critérios de compra de hoje envolvem fatores que os consumidores não conseguem sentir nem ver.

Um produto com qualidade ambiental, como o arroz orgânico certificado, poderia ser cultivado e industrializado pelo fabricante, que o distribuiria por intermédio de atacadistas, que, por sua vez, o encaminhariam ao varejista (como um supermercado), para que estivesse à disposição dos consumidores.

Para que esse processo de distribuição ocorra, o fabricante terá de convencer os atacadistas e varejistas que devem comprar o seu produto verde e que este será adquirido pelo consumidor. Quando o fabricante já está no mercado com produtos convencionais, é possível que essa etapa de "convencimento" dos demais canais de distribuição seja menos complicada, pois já existe uma relação de negócios entre eles. Contudo, se for uma nova empresa no mercado que deseja colocar seu produto verde na cadeia de distribuição, pode haver resistências de atacadistas e varejistas, até por força de contratos com empresas concorrentes já estabelecidas no mercado. Uma alternativa para essa empresa seria oferecer descontos maiores para sensibilizar os atacadistas ou varejistas, ou então procurar canais de distribuição em que a resistência seja menor (ALVES, 2017).

No segundo tipo de estratégia de *mix* de promoção para produtos verdes, que é a estratégia de atração ou de puxar (*pull*), a demanda vem do consumidor.

Na estratégia de atração ou de puxar (*pull*) são os elementos da cadeia intermediária e os consumidores que vão requerer do fabricante o produto com as características que deseja comprar. Embora não pareça ser possível que o consumidor exerça tamanha influência, na prática essa estratégia é muito usada. Com frequência, pode ocorrer também que a demanda venha do atacadista, do varejista ou dos demais intermediários da cadeia de distribuição.

Por exemplo, um grande importador que deseja oferecer produtos ambientalmente responsáveis aos seus clientes e que, para isso, pressiona os fabricantes dos países de origem do produto. Esse importador pretende oferecer um produto verde aos demais intermediários da cadeia em seu país, ou seja, atacadistas, varejistas e consumidores finais. Para esse exemplo, seria ligeiramente modificada com o acréscimo do intermediário *importador* entre o atacadista e o fabricante. Somente esse importador exerceria a estratégia de "puxar" junto ao fabricante. Quando o produto estiver no país do importador, este realizará estratégias de "empurrar" o produto verde para os demais agentes da cadeia de distribuição, enfatizando a qualidade ambiental oferecida (ALVES, 2017). Segundo Kotler e Armstrong (2015), as empresas que fabricam bens de consumo geralmente usam mais a estratégia de atração (*pull*), alocando mais recursos à propaganda, seguida de promoção de vendas, venda pessoal e relações públicas.

Mudanças introduzidas em gôndolas de supermercados, com seções dedicadas exclusivamente a produtos com atributos ligados à saúde, como os do tipo *light*, *diet* e zero, ou, então, espaços destinados a produtos que têm atributos de qualidade ambiental, como os produtos orgânicos, são exemplos de mudanças vindas do mercado consumidor. Essas mudanças, muitas vezes partirão das próprias empresas, com o uso de ferramentas de comunicação de *marketing*, como propagandas, patrocínios, *merchandising*, malas diretas, entre outras, com o intuito de criar "consciência" nos consumidores e levar mais "conhecimento" sobre o novo produto.

Se por um lado a logística tradicional permitiu às empresas escoar de forma inteligente os produtos nos diversos canais de distribuição, permitindo a formação de uma sociedade consumista, por outro lado contribuiu para a geração de excessos de produtos, embalagens, bem como de diversos tipos de resíduos, agravando a problemática ambiental. Tais problemas contribuem para o surgimento da logística reversa, definida por Leite (2017) como a área da logística empresarial que planeja, opera e controla o fluxo e as informações logísticas correspondentes, do retorno dos bens de pós-venda e de pós-consumo ao ciclo de negócios ou ao ciclo produtivo, por meio dos canais de distribuição reversos, agregando-lhes valor de diversas naturezas: econômico, ecológico, legal, logístico, de imagem corporativa, entre outros.

Alves (2016) apresentou uma estrutura de cadeia de distribuição, mostrando tanto a logística tradicional como a logística reversa. Nesse modelo, os produtos são distribuídos do fornecedor ao consumidor final por meio da logística tradicional, passando pelos diversos canais. De forma contrária, a logística reversa apresenta, na forma mais usual, a distribuição por meio do canal reverso tradicional, na qual o produto, a sua peça ou a embalagem retorna do consumidor aos diversos canais, podendo chegar ao fornecedor, para fins de destinação correta ou para reaproveitamento no processo produtivo.

Da mesma forma, é possível que o produto, a peça ou a embalagem sem valor para o consumidor possa "pegar um atalho" e voltar por um canal reverso alternativo; por exemplo, um ponto de coleta de produtos para reciclagem, cujos produtos podem ou não ser destinados ao fabricante original.

Alguns sinais de tendência à descartabilidade foram destacados por Leite (2017), como o lançamento de novos produtos, o lixo urbano, a produção de computadores, a produção de materiais plásticos e a produção de automóveis. Para Dickson (2001), no entanto, não é sempre que os consumidores precisam comprar modelos novos, e muitas vezes, realmente, não o fazem. Para o autor, se os consumidores estão preocupados com a rápida obsolescência de suas aquisições, eles sempre têm a possibilidade de evitar as compras. Esse fator pode criar oportunidades de *marketing* que permitam aos consumidores incorporar o último avanço tecnológico na sua aquisição, como tem ocorrido com softwares de computadores, em vez de comprar um produto novo.

De qualquer forma, a primeira consequência da redução da vida útil dos produtos é o aumento da quantidade de itens a ser manipulada nos canais de distribuição diretos, já que frequentemente são lançados novos produtos. Com o aumento da oferta de produtos nos canais de distribuição e mais consumo dos produtos, a tendência é que mais resíduos e lixos sejam gerados, ocasionando problemas ambientais.

A logística reversa surgiu como uma alternativa para equacionar esses problemas, no sentido de revalorizar economicamente os produtos e resíduos não mais empregados e usar canais de distribuição reversos.

Segundo Leite (2017), a logística reversa pode ser dividida em duas modalidades:

1) Logística reversa de bens de pós-consumo: é constituída pelo fluxo reverso de uma parcela de produtos e de materiais constituintes originados do descarte dos

produtos depois de finalizada sua utilidade original e que retornam ao ciclo produtivo de alguma maneira. Nesse tipo de logística reversa são comuns atividades de reciclagem, reúso e desmanche. Na impossibilidade de reaproveitamento dos materiais, eles podem ser enviados para sistemas de destinação seguros ou controlados, que minimizam a poluição, ou então não seguros, que provocam maiores impactos negativos ao meio ambiente.

2) Logística reversa de bens de pós-venda: é constituída pelas diferentes formas e possibilidades de retorno de uma parcela de produtos com pouco ou nenhum uso e que fluem no sentido inverso, do consumidor ao varejista ou ao fabricante, do varejista ao fabricante, entre as empresas, motivado por problemas relacionados à qualidade em geral ou a processos comerciais entre empresas, retornando ao ciclo de negócios de alguma maneira.

A logística reversa de bens de pós-consumo tem uma conotação mais relacionada com o reaproveitamento de materiais e de componentes, tendo, por um lado, uma ligação estreita com as questões ambientais; a logística reversa de bens de pós-venda, por outro lado, está mais ligada com a competitividade da empresa, redução de custos e melhoria de sua imagem institucional, sendo uma ferramenta mais comercial.

Para as discussões relacionadas às questões ambientais, a logística reversa de bens de pós-consumo é a que tem mais importância e já tem sido objeto de implementação em algumas empresas. De acordo com Ottman (2012), com o objetivo de alcançar um índice de recuperação de 100%, a

Nissan®, gigante japonesa fabricante de carros, tem se concentrado nos 3 erres (reduzir, reutilizar e reciclar) ao longo do ciclo de vida útil do veículo. A empresa tem procurado reduzir o uso de materiais prejudiciais, incorporando partes plásticas de carros usados, usando plásticos reciclados e biomateriais renováveis, além de tornar suas peças mais eficientes e fáceis de ser recicladas.

Ainda, segundo a autora, uma empresa chamada Aqus® desenvolveu uma tecnologia inteligente (*greywater*), na qual a água usada na pia do banheiro entra no vaso sanitário, sendo posteriormente usada para descarga, fazendo com que a água tenha duplo uso, sem custos adicionais. Como cerca de 40% de toda a água usada em uma residência são para fins de descarga, combinar a pia e o vaso sanitário em um sistema novo economiza, numa casa comum com dois moradores, entre 38 e 76 litros de água por dia, ou cerca de 15.400l por ano.

Dessa forma, a reciclagem e a reutilização têm se mostrado importantes ferramentas na revalorização econômica dos produtos. Segundo Leite (2017), a reciclagem é o canal reverso de revalorização, no qual os materiais constituintes dos produtos descartados são extraídos industrialmente, transformando-se em matérias-primas secundárias ou recicladas que serão reincorporadas à fabricação de novos produtos, como no exemplo da Nissan.

Já a reutilização, conforme Pereira et al. (2012), é um canal reverso em que é necessário que o bem de pós-consumo tenha condições de ser reusado e que a cadeia esteja estruturada para a coleta, seleção e revalorização, como no caso da reutilização da água. Muitas vezes, na reutilização ocorre o encaminhamento de um bem para um mercado de "segunda mão", como no caso de lojas de ponta de estoque, bazares, brechós, lojas de produtos usados e livros vendidos em sebos.

Alguns setores respondem positivamente a esse mercado secundário, como os setores de automóveis (autopeças) e eletrodomésticos (eletroeletrônicos). Nestes casos ocorre o desmanche do produto original, e não sua reutilização como um todo. Para Leite (2017), desmanche é um sistema de revalorização de um produto de pós-consumo que, após sua coleta, sofreu um processo industrial de desmontagem, no qual seus componentes em condições de uso ou de remanufatura são separados em partes ou materiais, para os quais não existem condições de revalorização, mas que ainda são passíveis de reciclagem industrial. Os primeiros são enviados, diretamente ou após a remanufatura, ao mercado de peças usadas; já os materiais que não têm mais serventia são destinados a aterros sanitários, controlados ou incinerados.

5.5 Exemplos práticos de aplicação do "S" de ESG nas organizações

Devido à interdependência do elemento social com o ambiental, diversos exemplos apresentados nesse tópico poderão ter as características de ambos os aspectos. No entanto, considerou-se que tais exemplos têm relevância e importância social.

5.5.1 *Empoderamento feminino nas empresas*

O empoderamento feminino (ou empoderamento das mulheres) pode ser definido de várias maneiras, incluindo aceitar os pontos de vista das mulheres ou fazer um esforço para buscá-los, elevando o *status* delas por meio da educação, conscientização, alfabetização e treinamento (BAYEH, 2016; KABEER, 2010; MOSEDALE, 2005).

O empoderamento das mulheres prepara e permite que elas tomem decisões determinantes para sua vida relacionados a diferentes questões da sociedade. Elas podem ter a oportunidade de redefinir os papéis de gênero ou outros papéis semelhantes; o que, por sua vez, pode permitir-lhes mais liberdade para buscar os objetivos desejados (KABEER, 2010).

Nações, empresas, comunidades e grupos podem se beneficiar da implementação de programas e políticas que adotem a noção de empoderamento feminino (DENEULIN; SHAHANI, 2009). O empoderamento das mulheres aumenta a qualidade e a quantidade de recursos humanos disponíveis para o desenvolvimento. Além disso, é uma das principais preocupações advindas dos direitos humanos e desenvolvimento pessoal (GUPTA; YESUDIAN, 2006).

De acordo com USP (2022), no Brasil, as mulheres só ocupam 11% dos cargos de liderança em grandes empresas. Uma dessa dirigentes é a empresária Luiza Helena Trajano, que comanda a rede de lojas de varejo Magazine Luiza®. À frente de uma empresa que fatura 12 bilhões por ano, Luiza Trajano tem uma trajetória sólida no mundo empresarial, sendo a responsável por ter expandido sua rede de lojas para todo o Brasil.

"O que eu acho mais importante é que para ser bem-sucedido nos negócios e na vida, é preciso ter propósitos. Não adianta ter pais com dinheiro se você não tem vontade de prosperar", falou a empresária. Para ela, "são duas as características que vão distinguir um profissional de outro: o atendimento e a inovação". Além disso, ela salienta que ter uma boa relação com as pessoas é fundamental no mundo moderno. "Se você não aprender a trabalhar o confronto de uma maneira saudável, não aprender a vencer, você também não será um bom profissional". Ainda assinalou: "hoje quem tem poder é quem tem conhecimento e faz acontecer. Você saber unir essas duas coisas é muito difícil" (USP, 2022).

Sobre a questão do papel da mulher dentro das empresas, a dona do Magazine Luiza® apoia que sejam postas cotas para se equilibrar a diferença de gênero nos conselhos das empresas, "Já está mais do que provado que nós, mulheres, estamos preparadas para assumir cargos de liderança em grandes empresas. No entanto, pesquisas mostram que se a situação continuar da maneira que está hoje, só haverá igualdade de gênero nas empresas daqui a 110 anos. É um tempo que não podemos esperar; portanto sou a favor de cotas para mulheres", afirmou (USP, 2022).

O Grupo Ultra® é outra organização que tem por objetivo empoderar as mulheres no ambiente dos negócios. De acordo com *Exame* (2022f), o Grupo Ultra®, dono das empresas Ultragaz®, Ultracargo® e Postos Ipiranga®, quer fomentar o empreendedorismo feminino no Brasil. Para isso, o grupo firmou uma parceria com o Instituto Rede Mulher Empreendedora (Irme), para o apoio a iniciativas de empoderamento de mulheres em situação de vulnerabilidade social e econômica para a criação de um projeto de incentivo a pequenos negócios liderados por mulheres.

Para isso, os parceiros criaram o Programa de Capacitação de Mulheres, no qual as inscritas terão acesso a conteúdos ligados a desenvolvimento pessoal e profissional, além da oportunidade de receberem "capital-semente" para financiamento inicial de seus negócios. O foco está em cidades das regiões Norte e Nordeste, mais Cubatão, no Estado de São Paulo. "A autonomia financeira para as mulheres é essencial, inclusive para que elas consigam sair de situações de violência. Programas como este transformam a realidade das mulheres, e de suas famílias, e fazem a diferença no entorno de onde vivem, criando um ciclo de prosperidade com a geração de renda", afirma a fundadora e presidente do Instituto Rede Mulher Empreendedora (Irme) (EXAME, 2022f).

Do total de 800 mulheres empreendedoras inscritas, 80 são selecionadas para a etapa de "aceleração dos negócios". Nessa fase, participaram de encontros presenciais durante dois meses e recebem mentorias coletivas e individuais, além de diagnósticos para seus negócios e acompanhamento das profissionais responsáveis pela aceleração. Em etapa seguinte, 40 delas recebem um "capital-semente" de R$ 1.000. Esses investimentos são acompanhados durante um mês, com mentorias do time da RME, para auxiliar na prosperidade dos negócios. "Este projeto tem uma grande importância para este público, pois por meio da capacitação para o trabalho e geração de renda, o programa promove também o resgate da autoestima e gera independência financeira, proporcionando melhoria na qualidade de vida das mulheres e de seus filhos", diz a gerente do Instituto Ultra (EXAME, 2022f).

Há também o caso de mulheres que lideram empresas ou desenvolvem iniciativas em setores predominantemente dominado por homens. Segundo *Exame* (2022g), a igualdade de gênero no mercado de trabalho é um tema cada vez mais discutido do ponto de vista da remuneração e do respeito à diversidade, mas as mulheres ainda continuam a lutar pelo seu espaço em profissões que são dominadas historicamente pelo sexo masculino. Um desses exemplos é de uma engenheira eletricista chamada Camila. A experiência no mercado de trabalho, especificamente no setor de energia em grandes projetos, e a vontade de incentivar outras mulheres a seguirem um caminho profissional livre de preconceitos foi o que a levou a criar o projeto Elas de Botina (elasdebotina.com.br), um movimento de acolhimento para mulheres que trabalham em áreas que ainda são vistas como masculinas. O projeto começou no Instagram®, onde Camila criou uma rede de apoio para que mulheres engenheiras e de áreas relacionadas contassem suas histórias, dificuldades e sonhos, com o propósito de se acolherem e também incentivarem outras mulheres. "Quero ajudá-las a seguirem seus sonhos e não desistirem das suas carreiras, por mais difícil e solitário que seja estar em algumas profissões para o público feminino", diz a engenheira.

No ambiente do empreendedorismo, algumas áreas dominadas por homens estão vendo a chegada de mais mulheres e que estão cada vez mais preparadas para assumir qualquer função. Para levar mais conhecimento técnico e de gestão para mulheres em oficinas mecânicas, o Sebrae-SP, junto com nove parceiros do mercado, lançou o curso Mulheres na Reparação Automotiva, iniciativa que começou no Escritório Regional Capital Oeste do Sebrae-SP. Ao todo,

30 empreendedoras de oficinas mecânicas de todo o Estado participaram do curso, que foi ministrado de maneira *online* e teve duração de dois meses. A consultora Roberta, idealizadora e gestora do projeto, conta que as alunas se sentiram honradas e especiais de terem sido convidadas para participar do curso, no qual puderam aprender mais sobre como administrar a oficina e também técnicas em geral de mecânica. "As alunas relatavam histórias que já vivenciaram no ambiente de trabalho como donas e sócias de oficinas mecânicas", diz Roberta (EXAME, 2022g).

Uma das empreendedoras que passou pelo curso foi Sandra, sociaproprietária da oficina mecânica localizada na zona sul de São Paulo. Ela atua na área de mecânica há mais de 20 anos, como administradora e gestora de oficinas, e é dona de uma oficina junto com o marido, que é o responsável pela parte da reparação dos veículos. Sandra fez cursos do Sebrae desde 2014 na área de gestão e finanças, mas afirma que teve muitos benefícios depois de participar do curso de reparação automotiva. Por ser mulher e estar num ramo predominantemente masculino, Sandra relata ter tido muitos obstáculos pelo caminho para gerir a empresa e, no início, fazer o papel de secretária, responsável pelo primeiro contato com o cliente. "Muitos se sentiam inseguros de ver uma mulher atendendo e anotando os problemas dos automóveis", lembra. "Quando descobrem que a oficina é comandada por uma mulher, os clientes têm reações variadas", conta a empreendedora. "Eu e uma outra funcionária mulher que contratamos sofríamos mais desconfiança antigamente. Os próprios clientes preferiam e até pediam um homem para tratar do assunto. Mas hoje em dia já não acontece com tanta frequência, diminuiu bastante. Acredito que a mudança e evolução cultural da sociedade podem estar relacionadas com isso", afirma a empresária (EXAME, 2022g).

5.5.2 Políticas de inclusão social nas organizações

Inclusão social é o ato de incluir na sociedade categorias de pessoas historicamente excluídas do processo de socialização, como os negros, quilombolas, indígenas, deficientes e a população LGBTQIA+[14], bem como aqueles em situação de vulnerabilidade socioeconômica, como moradores de rua, pessoas de baixa renda, pessoas presas e egressas do sistema prisional.

Na sociologia, a inclusão social é entendida como uma medida de controle social; ou seja, ela atua como meio de integração entre administração pública e sociedade, a fim de solucionar conflitos e resolver problemas resultantes da formação da sociedade capitalista. Historicamente, alguns grupos sociais ficaram à margem do processo de socialização, não tendo o devido acesso a direitos como educação,

---

14. LGBTQIA+ é o movimento político e social que defende a diversidade e busca mais representatividade e direitos para essa população. O seu nome demonstra a sua luta por mais igualdade e respeito à diversidade. Cada letra representa um grupo de pessoas: lésbicas (L); *gays* (G); bissexuais (B); "pessoas trans" que podem ser transgênero (homem ou mulher), travesti (identidade feminina) ou pessoa não binária, que se compreende além da divisão "homem e mulher) (T); *queer*, que são aquelas que transitam entre as noções de gênero, como é o caso das *drag queens* (Q); intersexo, que é a pessoa que está entre o feminino e o masculino. Suas combinações biológicas e desenvolvimento corporal – cromossomos, genitais, hormônios etc. – não se enquadram na norma binária (masculino e feminino) (I); assexual, ou seja, pessoas que não sentem atração sexual por outras, independente do gênero (A); o símbolo "+" no final da sigla aparece para incluir outras identidades de gênero e orientações sexuais que não se enquadram no padrão cis-heteronormativo (+) (FUNDO BRASIL, 2022).

emprego digno, moradia, saúde e alimentação adequada. Para resolver esse problema, os governos passaram a criar, a partir do século XX, medidas de inclusão das camadas marginalizadas da população na sociedade. Além disso, a inclusão social está em sintonia com a Declaração Universal de Direitos Humanos e, no caso do Brasil, também com a Constituição Federal de 1988, que apresentam direitos que devem se estender a todas as pessoas, sem exceção. Adicionalmente, as sociedades que apresentam altos índices de exclusão social enfrentam também inúmeros outros problemas, como o aumento da criminalidade e dos índices de pobreza (UOL, 2022h).

Diversas empresas têm criado políticas específicas para os trabalhadores negros e, em especial, para a mulher negra. Segundo *Exame* (2022h), a fabricante de cosméticos Natura® anunciou o Compromisso Antirracista, com metas que impactam o negócio como um todo, mas, especialmente promovem a carreira de funcionários negros e consultoras negras. A ação visa reforçar o pilar de direitos humanos e a Visão 2030 de Natura &Co®, grupo do qual a marca faz parte ao lado de Avon®, The Body Shop® e Aesop®. A marca divulga o compromisso por meio do manifesto 'O mundo só é bonito sem racismo'. "A diversidade, além de ser uma premissa ética e uma das nossas crenças, é um elemento de negócios. É também vetor de inovação. Ainda temos muito a aprender e um longo percurso para chegar onde queremos; por isso, precisamos colocar intencionalidade no tema de equidade racial e essas metas e iniciativas vão orientar nossa atuação", afirma o CEO de Natura &Co® na América Latina e presidente da Natura®.

O olhar antirracista para a força de vendas ocorre por meio dos resultados do IDH-CN (Índice de Desenvolvimento Humano da Consultora, construído à exemplo da metodologia da ONU aplicada para os países). A empresa identificou que esse índice é menor para consultoras negras que têm, em média, uma renda familiar menor, em relação a consultoras brancas. A empresa passa a se comprometer com a promoção de meios para o aumento da renda de consultoras negras, por meio do seu modelo de negócios. Paralelamente, com o apoio do Movimento Natura, intensificará os programas de letramento racial e acolhimento às vítimas de discriminação racial, e a formação já está disponível para toda a base de consultoras. Além disso, a Natura® vai estender a central de acolhimento às consultoras vítimas de violência doméstica para atender também casos de racismo, com auxílio psicológico, social e jurídico (EXAME, 2022h).

Em relação aos funcionários, as metas lançadas pela empresa se expandem para o grupo Natura &Co® e incluem atingir 40% de funcionários negros e indígenas no Brasil até 2025; também prevê que 30% das posições gerenciais sejam ocupadas por pessoas negras até 2030; bem como busca garantir pagamentos equitativos, eliminando qualquer diferença racial, como já vale para a perspectiva de gênero. Além disso, em 2022 foram criados programas afirmativos de atração e seleção de pessoas negras pelo grupo Natura &Co®, bem como de desenvolvimento de carreira. Entre as iniciativas há o Programa Avante, implementado com o objetivo de acelerar a carreira de funcionários negros, visando amplificar a representatividade de pessoas pretas em posições gerenciais. O projeto consiste em etapas de desenvolvimento individual, mentorias e *workshops* para que os profissionais desenvolvam habilidades e competências necessárias para assumir cargos de liderança no médio a curto prazos (EXAME, 2022h).

Outra organização que tem políticas voltadas para a população negra é a Ambev® (sigla de Americas' Beverage Company ou Companhia de Bebidas das Américas), fabricante de refrigerantes, energéticos, sucos, chás e água. De acordo com *Época Negócios* (2022b), a Ambev® é pertencente ao grupo Anheuser-Busch InBev®, que é o maior fabricante de cervejas do mundo, controlando cerca de 69% do mercado brasileiro de cerveja. É a 14ª maior empresa do Brasil em receita líquida.

A Ambev® criou o programa De Portas Abertas Ambev, voltado para apoiar o desenvolvimento de pessoas negras. A iniciativa reúne líderes negros da companhia e profissionais do mercado que abordam as áreas e as possibilidades de atuação na Ambev®. Ao todo, a empresa estima que 5 mil pessoas são impactadas e 200 bolsas, entre cursos e mentorias, são ofertadas. As bolsas de estudos serão voltadas para o desenvolvimento pessoal, liderança e para o curso de Introdução ao Mundo da Cerveja, enquanto o programa de mentoria é para o desenvolvimento profissional (EXAME, 2022i).

"A Ambev® acredita que é por meio de um ambiente diverso que as pessoas se sentem mais confiantes e à vontade para propor novas ideias. Por isso, realizar um evento como esse é um dos caminhos para garantir que a diversidade e a inclusão sejam sempre temas latentes na companhia", afirma a diretora de Diversidade, Inclusão, Equidade e Saúde

Mental da Ambev. O De Portas Abertas foi criado em 2018 e faz parte de uma série de iniciativas da cervejaria sobre a temática racial, como o Representa, programa de estágio exclusivo para pessoas pretas; e o Dàgbá, Programa de Desenvolvimento de Lideranças Negras (EXAME, 2022i).

A operadora de telefonia Vivo® também desenvolve programas voltados a esse público. A empresa tem um programa de estágio, e para 2023 abriu 400 vagas, sendo que metade delas é exclusiva para universitários negros, pois tem como objetivo o compromisso de diversidade e inclusão. Como forma de ser ainda mais inclusiva, a Vivo® informa que seu programa de estágio não exige conhecimento em inglês nem restrição de curso ou universidade (EXAME, 2022j).

"Entendemos que essa trilha de desenvolvimento é o caminho para nossos estagiários escreverem uma história de conquistas, e o nosso papel é viabilizar essa realização. Por isso, iremos prepará-los para assumir suas melhores versões e se tornarem profissionais de sucesso. Aqui na Vivo® há muitas oportunidades de aprendizado, de vivenciar a inovação e fazer parte da transformação digital", destaca a vice-presidente de Pessoas da Vivo® (EXAME, 2022j).

Políticas de inclusão também fazem parte da atuação da TIM®, uma das concorrentes da Vivo®. Segundo *Exame* (2022k), a plataforma Mulheres Positivas (MP) firmou uma parceria com a TIM® para potencializar o oferecimento de oportunidades no mercado de trabalho e o alcance do aplicativo, que busca promover o desenvolvimento pessoal e profissional por meio de conteúdos multiplataforma. A parceria trouxe 120 empresas para o projeto. As vagas da plataforma que atua no Brasil, na Colômbia, Estados Unidos,

México e Itália atendem a todo o território nacional e trazem oportunidades em diversos setores para diferentes níveis de escolaridade e faixas salariais. A plataforma conta com mais de 200 cursos de capacitação e o aplicativo tem como enfoque principal o crescimento na carreira por parte das mulheres. O *download* e acesso aos conteúdos é gratuito, e clientes da TIM® navegam na plataforma sem consumir seu pacote de dados.

"É muito importante alimentarmos vagas na plataforma com frequência, e nossos parceiros nos ajudam com isso. Nossos maiores aliados são a TIM® e a Infojobs®, sem eles nada teria sido possível", afirmou a criadora da plataforma e empreendedora. Ter um aplicativo que ofereça esse volume de vagas afirmativas reforça o compromisso com a causa, segundo a chefe de Operações do Mulheres Positivas. "As brasileiras estão enfrentando um cenário de agravamento das desigualdades sociais e de gênero, e nos orgulhamos em liderar um movimento que busca ampliar a empregabilidade das mulheres, usando nosso DNA de inovação e transformação digital", comenta a vice-presidente de Pessoas, Processos e Organização da TIM® (EXAME, 2022k).

Outra empresa atuante nessas políticas de inclusão é a mineradora Vale®, que tem o Programa de Aceleração de Carreiras para Mulheres Negras e oferece 100 vagas gratuitas para profissionais mulheres que desejam se desenvolver profissionalmente. Com duração de cinco meses, o treinamento conta com oficinas temáticas, mentoria individual e aulas com líderes negras renomadas. Uma facilidade do programa é que todos os encontros ocorrem de forma remota; ou seja, é uma despesa a menos com deslocamento para as selecionadas (SEU DINHEIRO, 2022).

Também direcionado às mulheres negras é o programa de *trainee* do grupo Cogna Educação®, fundado em 1966 em Belo Horizonte a partir da criação de uma empresa de cursos pré-vestibular chamada Pitágoras®. A empresa atua em todos níveis escolares e tem mais de 1,185 milhão de estudantes presenciais e 819 mil na modalidade de EAD (Ensino a Distância). Segundo Forbes (2022a), o projeto faz parte das metas da companhia para elevar a 40% o número de posições de liderança ocupadas por pessoas negras (pretas e pardas) e de ter 50% de mulheres nesses cargos. As aprovadas passam por uma jornada de aprendizagem com desenvolvimento para se tornarem líderes. O programa tem duração de 18 meses em todas as áreas da empresa e é composto por uma trilha de desenvolvimento com cursos de curta duração, bolsas de pós-graduação, palestras e encontros com a consultoria Indique Uma Preta e convidados, além de mentorias com os profissionais do grupo.

O projeto da Cogna Educação® é fruto de uma parceria com a Indique Uma Preta, especializada em diversidade e inclusão racial para conectar pessoas negras ao mercado de trabalho. A organização vai atuar desde a socialização organizacional (*onboarding*) até o acompanhamento dos talentos e de seus futuros gestores, que passam por um treinamento voltado para sensibilização e educação sobre o tema. A 99jobs®, uma plataforma de relacionamento com o trabalho, também apoia o projeto nas etapas de recrutamento e seleção (FORBES, 2022a).

Para a população LGBTQIA+, uma das iniciativas é do Grupo Gerdau®, uma indústria presente em 10 países. A empresa produz aços longos, especiais, planos e minério de ferro para atender a cerca de 100 mil clientes de setores da construção civil, indústria, agropecuária, automotiva, energia eólica, óleo e gás, açúcar e álcool, rodoviário e naval. É a maior recicladora de sucata ferrosa da América Latina. O Programa Banco de Talentos LGBTQIA+ faz parte da filosofia da empresa em se tornar uma "nova Gerdau", mais diversa, mais aberta, mais digital, com processos mais simples e fluidos, mais ágil para inovar e ir além. Seu objetivo é empoderar pessoas na construção de um futuro melhor para toda a sociedade. A organização acredita na importância da diversidade porque entende que times com diferentes histórias de vida e experiências trazem perspectivas diferentes, e por isso criam soluções inovadoras para o negócio, no qual cada pessoa pode exercer seu potencial pleno e ser mais feliz fazendo parte do seu time. Por isso, a promoção de um ambiente diverso e inclusivo, no qual todas as pessoas sejam ouvidas, respeitadas e tenham oportunidades, é um dos seus princípios (GERDAU, 2022).

Para os indígenas, que são os povos originários do Brasil, também são oferecidas oportunidades em organizações. De acordo com Funtrab (2022), na primeira semana de 2022 a Fundação do Trabalho do Mato Grosso do Sul (Funtrab) intermediou 1.624 vagas para trabalhadores indígenas na colheita de maçãs, nos estados de Santa Catarina e Rio Grande do Sul, por meio de cinco empresas parceiras que fazem as contratações no Mato Grosso do Sul. As vagas foram exclusivas para indígenas das cidades de Aquidauana, Caarapó, Iguatemi e Miranda, nas funções de trabalhador da cultura de maçã e monitor agrícola, e foram abertas nas Casas dos Trabalhadores desses municípios.

A supervisora de intermediação de mão de obra da Funtrab® e a supervisora de seguro-desemprego da Funtrab® organizam o cadastro dos trabalhadores. "Todos os cadastros são realizados nas aldeias e nas Casas dos Trabalhadores, com auxílio das lideranças indígenas e dos servidores", declarou a supervisora de intermediação. A Funtrab® realiza essa ação desde 2015 por meio de parceria com o governo do Estado, Ministério Público do Trabalho (MPT), Comissão Permanente de Investigação e Fiscalização das Condições de Trabalho (Coetrae), Coletivo dos Trabalhadores Indígenas e os empresários (FUNTRAB, 2022).

No período mais agudo da pandemia do coronavírus houve várias tratativas e ações com reuniões, orientações e a criação de um protocolo com as condições das contratações, para garantir segurança jurídica e medidas preventivas contra o contágio do covid-19. Os compromissos foram o recrutamento diferenciado, transporte adequado, alojamento, refeitório e área de convivência readaptado, uso de máscara, álcool em gel, aferição de temperatura, distanciamento de 1,10m, controle na entrada das fazendas e, em casos suspeitos, testagem e acompanhamento. Além dos protocolos de biossegurança, as contrações ocorreram com segurança jurídica de acordo com o regime da CLT (Consolidação das Leis do Trabalho). As empresas pagam o salário-base, adicionais, transporte (ida e retorno), alimentação, alojamento e cesta básica aos indígenas contratados (FUNTRAB, 2022).

5.5.3 A questão social na moda sustentável

O conceito de *fast fashion* surgiu na década de 1990, visando suprir a necessidade de um consumidor impaciente, ágil e conectado. Em uma economia em expansão, impulsionada pelo consumo excessivo e individual, o modelo *fast fashion* reproduz coleções de grandes marcas de forma rápida, constante e com baixo custo (ESTADÃO, 2022). Segundo a *Forbes* (2022b), em média, peças *fast fashion* são usadas menos de cinco vezes e geram 400% mais emissões de carbono do que roupas de marcas *slow fashion*, usadas aproximadamente cinquenta vezes.

De acordo com relatório da Ellen MacArthur Foundation, além do carbono emitido no processo de produção, o descarte da indústria, dado o ciclo de vida curto das coleções, é imenso, e anualmente em torno de US$ 500 bilhões são perdidos com o descarte de roupas nos aterros. Para se ter uma ideia, na criação de peças, 25% de tudo o que é produzido vira lixo, isso sem falar no seu descarte, no qual praticamente nada tem sido reaproveitado (MCKINSEY, 2022).

A indústria da moda é responsável por 8% da emissão de gás carbônico na atmosfera, ficando atrás apenas do setor petrolífero. O poliéster, uma das fibras mais usadas no mercado *fashion*, é responsável pela emissão anual de 32 das 57 milhões de toneladas globais. O que geralmente é desconhecido é que são necessários mais de 200 anos para que essa fibra se decomponha. Normalmente, o mercado faz uso de apenas 14% de fibras recicladas, com uma pegada de carbono significativamente menor do que as convencionais (ESTADÃO, 2022).

Segundo a Plastic Insights®, em 2016 o poliéster respondeu por 55% do mercado global de fibra, seguido pelo algodão, com pouco mais de um quarto (ESTADÃO, 2022).

Conforme Ocean Conservancy (2022), a cada ano, 8 milhões de toneladas de resíduos plásticos entram nos oceanos. É possível que o consumo frequente dos peixes e frutos do mar equivalha à ingestão de um cartão de crédito por semana em plástico.

Outra fibra conhecida é a viscose, que é produzida principalmente por meio da extração da celulose encontrada na madeira de árvores de rápido crescimento, sendo que 30% são provenientes de florestas nativas e ameaçadas de extinção (ESTADÃO, 2022). A Canoply®, organização que luta pelas florestas, enfatizou que "as florestas tropicais antigas e ameaçadas de extinção estão sendo invadidas, desmatadas e transformadas em camisetas e vestidos" (THE GUARDIAN, 2022).

A Indonésia, o Brasil e o Canadá são os grandes exportadores de polpa de viscose para a China. Além disso, a fabricação de viscose implica o uso de vários produtos químicos que acabam sendo despejados no meio ambiente sem tratamento prévio. Segundo a Associação Brasileira de Indústria Têxtil (Abit)®, no Brasil a indústria da moda gera 175 mil toneladas de resíduos têxteis por ano. Em 2020, 178 mulheres foram resgatadas de oficinas em São Paulo exercendo trabalho escravo. Há uma grande concentração de imigrantes e refugiados, principalmente latino-americanas nesta etapa da produção (ESTADÃO, 2022).

O impacto negativo do setor da moda não atinge apenas o meio ambiente, sendo profundo na esfera social. Grande parte das empresas terceiriza sua produção, e as terceirizadas também "quarteirizam" o trabalho, buscando minimizar os custos de mão de obra (ESTADÃO, 2022). Segundo

World Trade Statistical Review (2022), a Ásia é a principal exportadora e produtora do mercado têxtil, destacando-se China, Índia, Taiwan e Paquistão.

O crescimento da China gerou um pequeno aumento no nível salarial, e isso fez com que algumas marcas mudassem o foco rapidamente para países como Bangladesh, Vietnã e Camboja, onde a competição por trabalho mantinha os salários baixos e as margens de lucro mais altas. O resultado foi que pessoas em países subdesenvolvidos foram expostas a condições subumanas de trabalho (ESTADÃO, 2022).

Um estudo chamado Pulse of the Fashion Industry, de 2019, mostrou que a tendência é que até 2030 a indústria global de vestuário e calçados cresça 81%, chegando a 102 milhões de toneladas de roupas e acessórios, exercendo uma pressão sem precedentes sobre os recursos do planeta. O relatório enfatiza que a indústria da moda precisa reagir e trazer soluções sustentáveis com rapidez (BOSTON CONSULTING GROUP, 2022).

No entanto, existem bons exemplos no setor da moda sustentável.

O debate sobre moda sustentável cresce cada vez mais e a sociedade já entendeu a importância de ter hábitos que respeitem o meio ambiente em diversos aspectos da vida. Toda essa percepção influência diretamente no mercado, fazendo com que marcas repensem sua maneira de produzir, principalmente as empresas de moda, uma das indústrias que mais poluem o meio ambiente. Foi a partir desse desejo por peças veganas e sustentáveis que muitas marcas brasileiras de sapatos nasceram, enquanto outras criaram linhas ecológicas (STEAL THE LOOK, 2022).

São vários os critérios que tornam uma marca sustentável, como a produção da peça é feita, quais matérias-primas são usadas, a embalagem e também com relação aos funcionários envolvidos no processo, que devem ser respeitados e trabalhar de maneira digna. Algumas marcas vão além e auxiliam no processo de descarte das peças, fazendo reciclagem do produto. São marcas sustentáveis, *cuelty-free* (produtos ou atividades que não prejudicam ou matam animais em qualquer lugar do mundo) e que têm um belo *design*, perfeito para os amantes da moda que desejam diminuir seu impacto ambiental negativo (STEAL THE LOOK, 2022).

Inspirados pelos ciclos da natureza, a Alme® cria calçados com tecidos naturais e reciclados, passando pela tecnologia única do conforto, até o descarte responsável. Com a marca Alme® as garrafas PET ganham um novo destino: transformam-se em fios que dão origem a tecidos empregados em tênis e cadarços. A cana-de-açúcar se transforma em EVA Verde, que dá origem às palmilhas dos tênis. A ideia é dispensar o uso de matéria-prima virgem e apostar na transformação do que já existe.

Os produtos comercializados pela empresa passam por uma análise do ciclo de vida, metodologia empregada para mensuração dos impactos ambientais causados ao longo da vida de um produto, desde a origem das matérias-primas usadas e processos fabris até o descarte ou destinação final. A marca tem compromisso com a redução do seu impacto ambiental negativo e compensa 100% das suas emissões em projetos de preservação da floresta amazônica. Além disso, todos os produtos são rastreados por meio do passaporte digital que o cliente encontra em *QR Code* de cada um, conferindo a origem e por onde passa cada parte do produto final, até sua entrega. A Alme® considera quatro pilares principais de sua atuação: *design* consciente e matérias-primas de menor impacto ambiental negativo; ser responsável, sustentável e circular; empregar tecnologia para potencializar o conforto; e ter seu produto feito com respeito no Brasil (ALME, 2022).

Além da Alme®, outras 5 marcas brasileiras de sapatos sustentáveis são destacadas pela Steal The Look (2022):

1) Urban Flowers®, que fabrica calçados veganos e sustentáveis feitos por artesãos locais, o que valoriza o mercado nacional. Além disso, todas as peças são feitas sob demanda. A confecção somente inicia após a compra ser realizada e confirmada no website da marca.

2) Yellow Factory®: é uma marca mineira especializada em coturnos e sapatos pesados. Com uma linha de sapatos veganos, sem uso de nenhum material de origem animal, as peças são todas de produção artesanal e muito resistentes. Para a empresa, um sapato sustentável não depende apenas dos seus materiais, mas também se o processo é feito com respeito aos seus profissionais.

3) Insecta Shoes®: é uma das marcas brasileiras de sapatos 100% sustentáveis, pensados desde a produção, passando pela embalagem até soluções para quando alguém não quiser mais uma peça da marca. A marca classifica seus produtos em quatro categorias: a primeira, são os lisos, produzidos com tecido ecológico de uma mescla de algodão reciclado e fio de garrafa PET reciclada; a segunda classificação são os *vintage*, feitos com roupas de brechó, linha que originou a marca; já

a terceira categoria é a estamparia, com sapatos feitos de garrafas plásticas recicladas impressas digitalmente no tecido; e, por último, o reúso, com o uso de tecidos que ficaram parados em prateleiras ou estoques para criação de novas peças. Outra maneira que a marca encontrou de ser ainda mais sustentável é por meio da reciclagem de suas próprias peças. Quando um cliente não deseja mais um sapato, ele pode enviá-lo de volta à fábrica e ganhar 50% de desconto na sua próxima compra. No momento em que a peça chega à fábrica, ela é desmontada e seus componentes são destinados à reciclagem. "O cabedal e a palmilha são transformados em novas palmilhas, e o solado é triturado e vira um novo solado, não gerando lixo para o planeta", conta a marca em seu site.

4) Vegalli®: é uma marca de sapatos brasileira criada por uma família italiana que está no ramo de calçados há mais de 50 anos. Criada de uma maneira atemporal e dentro do *slow fashion,* a marca tem desde sapatilhas a coturnos e acessórios, sempre com meios de produção *eco-friendly* (ecoamigável).

5) Margaux®: a empresa nasceu com três principais propósitos: ter sapatos customizáveis, confortáveis e sem materiais de origem animal, ou seja 100% *cuelty-free*. A marca segue com seus ideais, criando sapatos feitos à mão, prezando pelo estilo, seguindo as tendências atuais e muito confortáveis.

A criatividade e inovação na moda sustentável não tem barreiras. Segundo *Ciclo Vivo* (2022d), os modelos da nova coleção da Ipanema®, marca de calçados da Grendene®, são produzidos com 60% de material reciclado, além de casca de arroz, material de base vegetal, que dá às sandálias uma nova textura. As coleções antigas traziam sandálias fabricadas com 30% de material reciclado, número que dobrou com a nova coleção Recria. Os novos modelos trazem uma cartela de cores pensada também sobre uma perspectiva de menor impacto ambiental negativo, e por isso não recebem pintura.

Outra iniciativa da marca Grendene® em busca de mais sustentabilidade é a instalação de urnas em 30 lojas da rede C&A®, parceira da iniciativa, para o descarte de sandálias usadas. Devem ser depositados nas urnas apenas pares que estão sem nenhuma condição de uso, reúso (doação) ou troca. Estes pares contarão com sistema de logística reversa: uma vez coletados, passarão por processo completo de reciclagem ou reúso, dentro do contexto da economia circular. As sandálias recolhidas serão direcionadas para recicladores homologados. As embalagens da marca que tinham certificação florestal FSC, a partir de julho de 2021 passaram a ser confeccionadas também em material de menor impacto ambiental. Os cabides usados nos pontos de venda, por exemplo, passaram a ser produzidos com material 100% reciclado (CICLO VIVO, 2022d).

Enquanto as embalagens da Grendene® têm a certificação florestal FSC, na França uma marca de vestuário obteve a mesma certificação para seus produtos, não apenas para embalagens. De acordo com FSC (2022a), a Sézane® é a primeira marca francesa de vestuário a obter a certificação florestal FSC e vem desfrutando de um grande sucesso. Isto se deve a suas coleções exclusivas e "estilosas" e a uma filosofia de marca cada vez mais comprometida. A certificação

FSC é mais uma evidência de seu compromisso com um mundo mais sustentável, além de servir de exemplo para outros atores do setor da moda. Ao adotar um modelo de produção alternativo, a marca rapidamente dispensou os intermediários. Ao invés de buscar maximizar as vendas, decidiu optar por coleções de edição limitada, evitando assim a superprodução e os excedentes. Além disso, a marca oferece produtos de alta qualidade pelo preço mais justo durante o ano todo.

Para a gerente de Responsabilidade Social Corporativa (RSC) da Sézane®, a principal preocupação é garantir a conformidade nas cadeias de suprimentos da marca e reduzir o impacto ambiental de suas matérias-primas. A Sézane® está comprometida em trabalhar para um setor da moda mais responsável. "Esta determinação é compartilhada por todas as nossas equipes", explica a gerente. Esse esforço de longo prazo é necessário para minimizar os impactos em todas as etapas da produção (fiação, tingimento, curtimento etc.) e garantir a conformidade com os padrões sociais e ambientais da Sézane®. A marca afirma que alcançou 70% de responsabilidade ecológica no que diz respeito à aquisição de matérias-primas, graças a três certificações ecológicas, incluindo o selo Gots, o Padrão Oeko-Tex 100 e o selo FSC, certificando a viscose originada de florestas com manejo responsável. A marca também faz uso de materiais reciclados como o poliéster, e adotou processos de curtimento à base de plantas, o que reduz a quantidade de resíduos poluentes (FSC, 2022a).

A marca decidiu afixar o logotipo do FSC e outros logotipos diretamente nas etiquetas das peças de vestuário, tornando-os visíveis em suas lojas e em seu website de comércio eletrônico. A marca também anuncia seus selos nas mídias sociais: "Isso nos permite demonstrar nosso compromisso, ser transparente sobre os atributos dos materiais e também levar nossos clientes a refletir e fazer as perguntas certas", explica a gerente de RSC. A Sézane® também está redobrando seus esforços para reduzir o impacto negativo de suas embalagens, exigindo que seus fornecedores usem papel e papelão certificado ou reciclado para seus pacotes, caixas de sapato, embalagens e recibos de venda. Além disso, um novo projeto está em andamento para garantir que as caixas e embalagens usadas para fazer entregas não sejam mais volumosas do que o necessário. Além disso, a Sézane® desenvolveu um indicador interno para monitorar o percentual de viscose certificada pelo FSC em suas coleções. Atualmente, esse percentual é de 47%, mas a gerente de RSC aguarda impacientemente as próximas coleções, que devem levar a um aumento deste número (FSC, 2022a).

Outro bom exemplo de moda sustentável é a Patagônia®, fundada na Califórnia pelo escalador, surfista e ambientalista Yvon Chouinard. A empresa tem um olhar de sustentabilidade para a cadeia toda. A preocupação vai desde a plantação nos campos de algodão até o bem-estar dos funcionários e com toda a cadeia de produção. A Patagônia® foi a primeira empresa dos Estados Unidos a vender casacos sustentáveis. No início, muitos achavam que a ideia de vender peças sustentáveis e mais caras não daria certo, mas a conscientização das novas gerações e o pedido por produtos com propósito era o que a empresa precisava para deslanchar. A história começou nos anos de 1950 com a fabricação e venda de equipamentos de escaladas; atualmente, a empresa vende roupas e acessórios para esportes radicais, além de empregar

2.200 pessoas, ter escritórios em 6 países e faturar em média US$1 bilhão anuais (ESTADÃO, 2022).

Yvon Chouinard, seu fundador, ficou amplamente conhecido em 2011, depois de uma campanha pedindo para que as pessoas não comprassem seus produtos. A ideia era mostrar que o consumo exagerado é nefasto para o planeta. Com a repercussão da antipropaganda, a empresa cresceu 30% naquele ano. Yvon escreveu sobre a história e a cultura da empresa nos livros *The responsible company* e *Let My People Go Surfing*, nos quais detalha a política da empresa perante seus funcionários e conta sobre a paixão dos fundadores pela natureza, respeito às pessoas, e como vender roupas virou uma maneira de potencializar o ativismo da companhia (ESTADÃO, 2022).

O fato de as lavouras de algodão estarem entre as mais agressivas para o meio ambiente sempre foi uma preocupação para Yvon. Assim, mesmo, com prejuízo financeiro nos primeiros dois anos, a empresa decidiu que a partir de 1996 iria usar 100% de algodão orgânico em suas roupas, ainda que custasse o triplo do preço em relação ao algodão tradicional. O orgânico agride menos o planeta, mas ainda não é o ideal; então, a empresa começou a cultivar o algodão de forma regenerativa. A produção regenerativa ocupa o mínimo espaço possível, reveza culturas para que o solo se mantenha rico e promove parcerias com comunidades locais (ESTADÃO, 2022).

5.5.4 *Parcerias empresariais em logística reversa e sustentabilidade*

A economia circular é um conceito que busca o desenvolvimento econômico por meio de práticas sustentáveis.

Esse conceito é baseado na ideia de que os resíduos podem ser insumos para a produção de novos produtos. Ele repensa o modelo de produção e consumo atual e propõe um novo modelo baseado na lógica da própria natureza, no qual não há o conceito de lixo. Por exemplo, na natureza, restos de frutas e outros alimentos que foram consumidos por animais acabam se tornando adubo para plantas. A economia circular funciona de forma semelhante, dando aos resíduos que antes seriam descartados uma nova finalidade. Após um produto chegar ao fim de sua vida útil, ele pode ter seu material reaproveitado ou reciclado. O nome "circular" vem justamente desse aspecto cíclico (MEIO SUSTENTÁVEL, 2022).

De acordo com *Meio Sustentável* (2022), as principais características da economia circular são o uso de recursos naturais de forma racional e responsável; a redução do volume de resíduos; a manutenção da vida útil de produtos; a minimização de impacto negativo no meio ambiente; e a reutilização e reciclagem de produtos. Seu objetivo é repensar os atuais hábitos de consumo e promover um melhor uso dos recursos naturais. Esse novo modelo busca estabelecer um outro tipo de relação com os bens materiais, produzindo sem esgotar os recursos naturais e diminuindo a quantidade de lixo gerada, criando um impacto positivo e preservando o planeta.

A economia circular e a economia linear são opostas. No segundo tipo, o crescimento econômico ocorre por meio do consumo de produtos que eventualmente vão ser jogados fora quando não forem mais úteis para seu consumidor. Por isso, a economia linear não é boa para o meio ambiente, já que, ela usa dos recursos naturais, que são limitados, de maneira desenfreada para produzir cada vez mais e depois o que foi produzido com esse recurso é descartado após o fim de sua vida útil. Não há qualquer tipo de equilíbrio ou reparação aos danos causados à natureza. Já na economia circular, há intenção de reparar os danos ambientais causados e diminuir os impactos negativos. Os produtos não são vistos como algo obsoleto e já são projetados de forma a facilitar sua reutilização e reciclagem e diminuir a quantidade de lixo produzido (MEIO SUSTENTÁVEL, 2022).

A logística reversa faz parte da economia circular. Pode-se dizer que a logística reversa é uma ferramenta ou método que pode ajudar na vida útil dos recursos. A logística reversa é um dos instrumentos para aplicação da responsabilidade compartilhado pelo ciclo de vida dos produtos (SGS, 2022).

A implementação da economia circular tem início com as fases de extração dos recursos naturais e fabricação do produto. A extração dos insumos deve ocorrer de maneira consciente e respeitando os limites da natureza. Além disso, todas as decisões em relação à fabricação do produto devem ser tomadas levando em consideração o seu destino após o uso. Já na fabricação e nos processos de *design*, os produtos devem ser projetados de maneira a facilitar sua reutilização. É fundamental que eles sejam feitos com materiais recicláveis e não perigosos (como substâncias tóxicas), e as empresas devem fazer sua parte para garantir a circularidade dos produtos (MEIO SUSTENTÁVEL, 2022).

Um exemplo de empresa que já adota esse modelo é a Natura®, que se compromete com a redução de resíduos de seus produtos e garante a circularidade de suas embalagens até 2030. Algumas das ações da empresa que podem ser destacadas são: adoção do uso refil nos seus produtos, o que contribui para a redução de resíduos gerados; uso de plástico verde; e programa de logística reversa, responsável por coletar embalagens descartadas e reciclá-las. No entanto, para esse sistema funcionar também é necessária a colaboração do consumidor. O público consumidor precisa entender e assumir seu papel nesse ciclo e contribuir para a circularidade dos produtos. Isso envolve consumir de forma consciente, evitar o descarte desnecessário de bens, buscando usá-los ou passá-los para outra pessoa, e fazer reciclagem (MEIO SUSTENTÁVEL, 2022).

Os resultados são mais promissores quando grandes empresas assumem a responsabilidade e o protagonismo em relação à logística reversa. Segundo a *Isto é* (2022), a Klabin® e a Heineken® fecharam parceria para a criação em Telêmaco Borba (PR) – cidade com 80 mil habitantes –, de um território 100% circular, em que materiais e embalagens de vidro, papel, alumínio, metal e plástico são transformados, reaproveitados e reciclados após o consumo, em vez de serem enviados para aterros sanitários. Segundo o gerente de sustentabilidade e meio ambiente da Klabin®, o projeto deve ser futuramente levado a outros municípios brasileiros.

A iniciativa para a reinvenção do uso de embalagens foi estruturada em 2020 pelo Hub Incríveis®, uma rede de inovação criativa, e tem o apoio do ViraSer®, programa de logística reversa que atua para acelerar, qualificar e profissionalizar os sistemas de coleta seletiva nos municípios. O gerente sênior de sustentabilidade do Grupo Heineken® diz que o objetivo é dar um importante passo rumo às mudanças necessárias em relação ao uso de embalagens pós-consumo no Brasil. "Nós acreditamos no potencial de colaboração entre as esferas público e privada para endereçar essas questões, pois entendemos que, somente juntos, será possível garantir os impactos positivos que almejamos de ponta a ponta na cadeia de embalagens", comenta o gerente (ISTO É, 2022).

O projeto mapeou os principais problemas e desafios da gestão de resíduos e apontou medidas para elevar o potencial de reciclabilidade, unindo esforços da prefeitura e cooperativas, cidadãos e empresas. As ações incluem melhorias na estrutura das cooperativas, aperfeiçoamento das políticas públicas, formação e desenvolvimento de lideranças, iniciativas de educação ambiental e a criação de uma rede de comercialização de reciclados. Na primeira fase do projeto Território 100% Circular em Embalagens (TC100), que ocorreu em 2021 e foi patrocinada pela Klabin®, realizou-se um diagnóstico detalhado da quantidade de materiais de embalagens reciclados e comercializados pela cooperativa local, além da medição do total de materiais direcionados para o aterro. Esse levantamento identificou que apenas 11,7% das embalagens de Telêmaco Borba são recuperadas anualmente via coleta seletiva. A segunda etapa do projeto envolve a criação conjunta de soluções, com chamada aberta para *startups*, ONGs, empresas e demais instituições interessadas (ISTO É, 2022).

Uma empresa que desenvolve programas de logística reversa há algum tempo é a Tetra Pak®. De acordo com *Rota da Reciclagem* (2022), por meio de um website, no estilo do Google Maps®, o cidadão pode encontrar diversos pontos de coleta de embalagens longa vida Tetra Pak®. Os locais são classificados como cooperativas, comércios e pontos de entrega voluntária (PEVs). Um serviço semelhante é oferecido pelo app Plataforma Circular (2022), que informa sobre locais para descarte de roupa de algodão em fim de ciclo de uso, disponibilizando pontos de coleta junto a seus parceiros. Por meio da chamada Plataforma Circular Cotton Move, o descarte permite criar novos produtos, com impacto social e ambiental positivos. Segundo a plataforma, desde 2014, 325t de resíduos têxteis foram coletadas e desviadas de aterros sanitários. A empresa ainda cita alguns números de sua atividade: 750 mil peças de roupa foram desenvolvidas a partir de fibras recicladas; houve até 95% de reutilização do material por peça reciclada; 180 dias são estimados para o descarte se tornar um novo produto; até 50% de conteúdo reciclado por peça de roupa produzida; e 32 mil produtos feitos a partir do *upcycling* de resíduos.

Nesse contexto de reaproveitamento e reciclagem de material têxtil também ganha destaque a Retalhar®. De acordo com *One Planet* (2022), a empresa foi criada em 2014 com base no *know-how* adquirido na área de gestão ambiental de um fabricante de uniformes e na percepção do problema dos resíduos têxteis. Além disso, havia uma grande preocupação sobre as desigualdades sociais no Brasil e a incerteza das opções profissionais para o futuro. Nessa perspectiva, surgiu a ideia de construir um negócio de impacto social que buscasse minimizar os impactos negativos da geração de resíduos têxteis. Além de ser considerado um tipo de poluição, o resíduo têxtil também representa perda de tecido, visto como um recurso cujo processo de produção gera impactos negativos significativos sobre o meio ambiente. O algodão, por exemplo, é uma das culturas mundiais que mais consome água e faz uso de agrotóxicos. Procurando resolver algumas dessas questões, o modelo de negócio da Retalhar® foi criado, recebendo uniformes de grandes empresas que não serão mais usados – por exemplo, há clientes que enviam 15t de uniformes em um ano – e oferecendo tanto o *upcycling* como a reciclagem de têxteis.

Upcycling é o processo de transformação que mais agrega valor à matéria-prima que "entra" no sistema; neste caso, o tecido dos uniformes. E uma vez que o objetivo da empresa é gerar impacto social positivo, seu quadro de funcionários também inclui costureiras de cooperativas. Além do *upcycling* do uniforme, o tecido pode, após o processo de descaracterização (no qual as características de identificação de sua função são alteradas ou removidas), ser usado como matéria-prima para a produção de mantas para os moradores "sem-teto" ou ser enviado para campanhas do agasalho, as quais coletam doações de roupas que são posteriormente enviadas para instituições de caridade e pessoas em situação de vulnerabilidade (ONE PLANET, 2022).

Seu portfólio de serviços permitiu que a empresa recebesse e transformasse 63.237kg de tecido desde o início de suas atividades em 2014, o que equivale a aproximadamente 160 mil uniformes e a um volume de 473m³ não ocupado em aterros sanitários. Considerando as emissões resultantes da decomposição do tecido em aterros sanitários, a quantidade de tecido tratado pela Retalhar® corresponde a 929.581t de CO_2e (CO_2 equivalente) evitadas. Devido à sua natureza inovadora em termos de modelo de negócio e área de atuação, e também por ser um negócio social voltado à geração de valor compartilhado, a iniciativa contou com o apoio de uma incubadora e aceleradoras de *startups*. A empresa ganhou prêmios nacionais e internacionais, incluindo o Empreendedor Social 2016, de uma grande revista de renome no Brasil, e o Youth Changemaker Winner do prêmio Fabric of Change da Ashoka (ONE PLANET, 2022).

Algumas empresas aliam os projetos de sustentabilidade voltados à logística reversa com certificações de cunho ambiental. De acordo com *Casa da Sustentabilidade* (2022), em 2016, a Tetra Pak® atingiu o marco de 200 bilhões de embalagens distribuídas em todo o mundo com o selo da certificação FSC (Forest Stewardship Council). Em 2015, a empresa produziu 54 bilhões de embalagens certificadas em todo o mundo, sendo que somente no Brasil foram entregues 10,4 bilhões.

A busca pela excelência ambiental é um dos pilares estratégicos globais da Tetra Pak® e faz parte das ambições de longo prazo produzir todas as embalagens com o selo da certificação. Segundo a diretora de Meio Ambiente da Tetra Pak®, no Brasil, desde junho de 2008 as embalagens produzidas nas unidades da empresa em Ponta Grossa (PR) e em Monte Mor (SP) usam papel certificado. "A inclusão do selo nas embalagens é feita conforme autorização de nosso cliente e cresce cada vez mais, demonstrando o interesse destes em comunicar mais esse benefício ambiental da embalagem", afirma a gerente.

O selo do FSC permite aos consumidores escolher marcas que estão comprometidos com o manejo sustentável. A certificação garante que o papel usado como matéria-prima das embalagens é proveniente de áreas florestais manejadas de forma responsável e outras fontes controladas, permitindo ao consumidor monitorar toda a cadeia que envolve a produção do papel da embalagem, desde o plantio das árvores até o produto final (CASA DA SUSTENTABILIDADE, 2022).

Um outro tipo de produto que obteve a mesma certificação florestal FSC foram os pneus da Pirelli®, tornando-se os primeiros no mundo a terem esse selo. Segundo FSC (2022b), um grande avanço para a sustentabilidade foi alcançado pela Pirelli® com o lançamento do primeiro pneu mundial certificado pelo FSC. O novo pneu Pirelli P ZERO, que será usado no automóvel modelo BMW X5 Plug-In Hybrid, usa borracha e *rayon* natural, bem como outros materiais, com certificação FSC.

A borracha natural é um material básico para muitos produtos de uso diário, como botas de borracha ou colchões. Cerca de 6 milhões de pequenos produtores em todo o mundo são responsáveis por 80% da produção mundial de borracha natural, que ocorre em pequenas fazendas de 1 a 2ha, sob uma ampla variedade de condições no chamado cinturão da borracha nas regiões tropicais. Atender às necessidades sociais, ambientais e econômicas desses milhões de pequenos produtores é um grande desafio. A implementação da certificação FSC para plantações de borracha natural, florestas e cadeia de custódia contribui para resolver esse desafio, apoiando a produção responsável e sustentável de borracha natural (FSC, 2022b).

O FSC avançou de forma considerável na certificação da cadeia de valor da borracha natural para diversos setores de consumo. Uma variedade de produtos que contêm borracha natural com certificação já está disponível hoje no mercado, incluindo luvas, calçados, colchões, travesseiros, esteiras de ioga e balões. A certificação garante que a borracha natural nesses produtos é proveniente de florestas ou plantações com condições de trabalho seguras e sem desmatamento ou outros danos ambientais (FSC, 2022b).

Depois de alguns anos, o desejo do Grupo BMW® de adquirir um pneu certificado pelo FSC se tornou realidade por meio da certificação da cadeia de suprimentos da Pirelli®, que tem plantações de borracha advindas de pequenos produtores. "Como um fabricante de ponta, aspiramos liderar o caminho em sustentabilidade e assumir responsabilidades", disse um dos membros do Conselho de Administração da BMW AG, responsável pela área de Compras e Rede de Fornecedores. "Assumimos o compromisso de aprimorar o cultivo da borracha natural e aumentar a transparência na rede de fornecedores desde 2015. O uso de pneus feitos de borracha natural certificada é uma conquista pioneira em nosso setor. Dessa forma, estamos ajudando a preservar a biodiversidade e as florestas, para combater as mudanças climáticas", destacou (FSC, 2022b).

Já em relação aos resíduos de madeira, por exemplo, da indústria moveleira, uma das possibilidades é empregá-los para produção de briquetes. Segundo Sebrae (2022b), o briquete é considerado um substituto da lenha. Também conhecido como o carvão ecológico, ele resulta do processo de secagem e prensagem de resíduos de madeira. Apresenta, após sua transformação, um produto para queima com alto poder calorífico, o que faz deste um combustível ideal para o uso em caldeiras industriais, fornos, pizzarias, cerâmicas, entre outros. Na produção de briquetes são usados resíduos de madeira como pó de serra (serragem), maravalha (fitinhas de madeira), cavacos ou pedaços de madeira picada. Os resíduos devem estar com um grau de umidade adequado e livre de qualquer produto químico ou outros tipos de aglutinante.

Com a mesma finalidade do briquetes em relação ao reaproveitamento dos resíduos, existem também os pellets. Segundo *Koala Energy* (2022), o pellet de madeira, por exemplo, é um biocombustível granulado, produzido à base de biomassa vegetal moída e compactada em alta pressão, que provoca a transformação dos componentes lignocelulósicos sob efeito do calor gerado pela fricção na passagem pelos furos da matriz. Sendo assim, ele se torna um produto adensado de alto poder calorífico e boa resistência mecânica.

Para produzir o pellet, diversos tipos de biomassa vegetal são usados, como cascas e podas de árvores, serragem e maravalhas, outros subprodutos das indústrias madeireiras e até resíduos da construção civil. Também podem ser empregados outros materiais, como palhas de cereais, palhas lignocelulósicas de gramíneas de alta produtividade, bagaço da cana-de-açúcar e bambu. No entanto, a principal fonte de matéria-prima para a fabricação de pellet vem da atividade florestal, o que é muito importante ecologicamente e também ajuda na economia, já que valoriza os subprodutos de baixo valor que até há pouco tempo eram desprezados, mas que produzem um biocombustível de excelente qualidade por ter baixo teor de cinza (KOALA ENERGY, 2022).

5.5.5 *Créditos de reciclagem*

A economia circular é uma das bases do ESG. Reduzir as emissões de carbono e atingir as metas do Acordo de Paris passa por retirar e reutilizar boa parte do plástico em uso no mundo, além de outras matérias-primas.

Na esteira dos "créditos de carbono" surgiram também os "créditos de reciclagem", com a finalidade de incentivar o retorno de embalagens e produtos descartados ao ciclo produtivo.

Com a disseminação do ESG, também ganhou força a ideia de que as empresas são responsáveis por aquilo que produzem, da fabricação ao descarte, incluindo o material usado para embalar os produtos. Desse entendimento surgiram novas leis no mundo inteiro, inclusive no Brasil. Em 2010, foi aprovada a Política Nacional de Resíduos Sólidos (PNRS), que determina como as empresas devem tratar o seu lixo. No entanto, a PNRS só foi regulamentada em janeiro de 2022 (EXAME, 2022l).

Em abril de 2022, o governo federal brasileiro lançou o Recicla+, programa que institui o Certificado de Crédito de Reciclagem. É uma forma mais fácil para as empresas se enquadrarem na PNRS, já que a alternativa seria instituir um projeto próprio de logística reversa, algo muito mais caro e trabalhoso. Além disso, o crédito de reciclagem fomenta e desenvolve a cadeia de cooperativas de catadores, o que confere um aspecto social ao negócio (EXAME, 2022l).

O crédito de reciclagem é um sistema pelo qual os agentes de reciclagem (cooperativas e catadores de recicláveis) comprovam a destinação correta dos resíduos, com nota fiscal da venda do material coletado. As empresas que precisam cumprir obrigações ambientais poderão comprar o direito associado a essa destinação, cumprindo sua obrigação com a logística reversa. Estima-se que potencial de mercado gerado pelo crédito, envolvendo empresas com débito de logística reversa, famílias, condomínios e prefeituras, fica entre R$ 6,9 bilhões e R$ 14,2 bilhões, segundo cálculos da Secretaria de Política Econômica (SPE) do Ministério da Economia. Mais de 800 mil catadores serão beneficiados (BRASIL, 2022).

Para usar os créditos de reciclagem e se adequar à PNRS, a empresa deve primeiramente saber o quanto de resíduo ela produz. Em seguida precisa contratar uma cooperativa certificada, que vai recolher e levar para reciclagem a quantidade de material indicada e emitir uma nota fiscal. O crédito, então, poderá ser emitido por uma entidade gestora, mediante o prévio exame por verificador independente, que garante a não duplicidade e a unicidade das notas (EXAME, 2022l).

Segundo *Portal Saneamento Básico* (2022), por meio dos créditos de reciclagem estima-se que a renda média aumente 25% – dos atuais R$ 930 por mês para R$ 1.163. Isso porque estipulou-se um novo valor para a venda de resíduos. O responsável pela etapa final da reciclagem poderá comprovar, via nota fiscal, a comercialização de uma determinada quantidade de resíduo recolhido e devidamente encaminhado para reaproveitamento. É essa comprovação que gera créditos de reciclagem, que podem ser adquiridos por companhias que estejam em dívida com a logística reversa. Atualmente, cerca de 250 mil empresas brasileiras têm obrigações associadas à logística reversa. Até agora, porém, a reciclagem de resíduo seco no país não conseguiu ultrapassar a marca de 5%.

O mercado de créditos de reciclagem não está restrito ao empresariado. Qualquer cidadão, inclusive estrangeiro, pode acessá-lo. Toda operação é registrada e validada por uma rede de certificação, o que envolve um sistema eletrônico administrado pelo governo federal. Cerca de 70% do contingente de catadores são de mulheres. Ou seja, qualquer política voltada a essa parcela da população pode, portanto, contribuir com a redução do trabalho infantil e com o aumento da escolarização de filhos de catadores. No Brasil, estima-se que 782 mil pessoas sobrevivem às custas do setor de coleta de lixo reciclável. A redução da informalidade dos catadores é outro benefício previsto (PORTAL SANEAMENTO BÁSICO, 2022).

Em relação à poluição provocada pelo plástico, o Brasil é o quarto maior produtor de lixo plástico do mundo, superado apenas pelos Estados Unidos, pela China e pela Índia, mas recicla apenas 1,28% das 11,4 milhões de toneladas que gera todos os anos. Pelo modelo em vigor até há pouco, a logística necessária para dar fim a resíduos representava até 15% do faturamento das empresas – sem falar nos custos trabalhistas e eventuais demandas jurídicas. Para cada tonelada de material coletado eram gastos, em média, R$ 1.800. Com os créditos de reciclagem, o valor caiu para R$ 350 por tonelada, aproximadamente, o que representa uma economia de 81% (PORTAL SANEAMENTO BÁSICO, 2022).

Nem tudo o que era coletado ia realmente para a reciclagem. Uma quantidade incalculável de material terminava nos lixões, pois nem toda matéria-prima têm um mercado de reciclagem estabelecido. O sucesso das latinhas de alumínio, por exemplo, não se aplica a outros materiais, como o plástico, cujo valor é menos percebido. Uma embalagem plástica adquirida por meio do sistema de logística reversa custa cerca de R$ 3,60, mas uma nova sai por R$ 0,60, segundo o Instituto de Pesquisas Econômicas Aplicadas (Ipea). Graças aos créditos de reciclagem calcula-se que o percentual de reaproveitamento da fração seca do lixo reciclável saltará, em 20 anos, dos atuais 5% para 70% (PORTAL SANEAMENTO BÁSICO, 2022).

Para facilitar a contabilização dos créditos de reciclagem, a tecnologia tem sido uma ferramenta essencial. De acordo com *Exame* (2022m), uma *startup* brasileira está fazendo uso da tecnologia *blockchain* para transformar lixo em créditos de logística reversa e contribuir para a preservação do meio ambiente. Com essa área de atuação, a empresa cresceu 600% de 2020 a 2022. Os créditos da *startup* Polen® ajudam empresas a cumprir a Política Nacional de Resíduos Sólidos, que estabelece a necessidade de se reciclar 22% de todas as embalagens colocadas no mercado.

A Polen® faz a coleta, o armazenamento, o registro e a comercialização de *tokens*[15], que representam, cada um, um crédito de logística reversa, e correspondem a 1kg de resíduo reciclado. Além da Polen®, participam do processo a Hive® e a Bee®, cujo nome significa "colmeia" e "abelha" em português, respectivamente. A Bee® atua coletando resíduos sólidos, por mais de 50 pontos espalhados pela orla do Rio de Janeiro, e leva para a Hive®, que é o depósito criado especificamente para unir esses resíduos sólidos e centralizar sua demanda. Com o material nesse centro, a Polen® os cadastra no *blockchain*, e as empresas que precisam se adequar à Política Nacional de Resíduos Sólidos podem

---

15. *Token* é um dispositivo eletrônico no qual é possível armazenar um certificado digital. Ele é muito parecido com um *pendrive*. A pessoa adquire um certificado digital e o armazena dentro de um *token* para usá-lo quando necessário. Também é possível armazenar em computador, entre outras opções (UFSCAR, 2022).

comprar os créditos de logística reversa da Polen®, fechando o ciclo da logística reversa. No primeiro semestre de 2022 a Polen® compensou 66 mil toneladas de resíduos sólidos, o equivalente a 2,7 bilhões de embalagens (EXAME, 2022m).

Durante o processo de logística reversa da Polen®, as notas fiscais eletrônicas são geradas para comprovar a venda dos resíduos na indústria da reciclagem, é aí que entra a tecnologia *blockchain* como um facilitador. As notas fiscais eletrônicas são registradas no *blockchain*, tornando-se assim, *tokens* totalmente rastreáveis, cuja falsificação é impossível. Dessa forma, cada *token* contém a informação necessária para certificar a validade de um crédito de logística reversa às empresas interessadas no serviço. Além disso, um relatório é disponibilizado pela Polen® após a compra dos créditos. O *blockchain* usado pela Polen® é o EOS, que segue um modelo de *delegated proof of stake*. Conhecido em português como "prova de participação", o mecanismo de consenso que valida as transações na rede não faz uso de poder computacional, o que reduz o consumo de energia elétrica em comparação com outros formatos, como a "mineração" ou prova de trabalho (EXAME, 2022m).

A *startup* também atua em Porto Alegre por meio da Recicla Guaíba® e uma parceria com a Gam3®, concessionária responsável pela manutenção da orla da Praia da Guaíba.

Desde a sua fundação em 2019, a Polen® já atendeu mais de 1,4 mil empresas e conta com mais de 200 cooperativas em 24 estados brasileiros, cadastradas no seu *marketplace*[16] (EXAME, 2022m).

---

16. *Marketplace* significa, literalmente, mercado. A palavra passa a ideia de um espaço livre em que compradores e vendedores podem

A Polen é uma *startup* do tipo *cleantech*. Segundo *Cleantechs* (2022), uma *cleantech* é uma *startup* focada na sinergia entre inovação e sustentabilidade e no uso de tecnologia limpa com o objetivo de gerar aumento de produtividade e eficiência, com menos custos e desperdícios. Ao mesmo tempo, reduz ou elimina o impacto ambiental negativo e usa de modo mais eficiente e responsável os recursos naturais, atendendo clientes de diferentes setores. Há ainda outras características que ajudam a identificar uma *cleantech*: faz mais com menos; é menos poluente; e tem negócio rentável.

Outro *case* que usa a tecnologia para a propagação da pauta de ESG é do Grupo Seiva®. A empresa faz uso da inteligência artificial em suas máquinas de triturar vidro, que já são adotadas pela Heineken Brasil® em seu programa Volte Sempre. Nele consegue-se reconhecer se o material descartado é correto e fazer uma pré-seleção em mercados e condomínios (EXAME, 2022m).

Em todo o mundo, iniciativas em prol da preservação do meio ambiente começam a adotar a tecnologia *blockchain* na missão de controlar o impacto do lixo gerado. O Brasil se destaca com outras duas *startups*: GreenMining® e Resíduos ID®. A GreenMining® transformou 15t de plástico recicladas no Brasil em NFTs que dão acesso a um hotel em Paris (EXAME, 2022m).

De acordo com *InfoMoney* (2022b), NFT é a sigla em inglês para *non-fungible token* (*token* não fungível, na tradução para o português). Para entender bem o que é essa

---

fazer negócios. Na prática, o modelo de *marketplace* funciona como um *shopping* virtual (IDEIA NO AR, 2022).

tecnologia, primeiro é importante saber o que significam os termos *"token"* e "fungível". Um *token* é a representação digital de um ativo – como dinheiro, propriedade ou obra de arte – registrada em uma *blockchain*, tecnologia que nasceu com o BTC no final de 2008. Exemplo: se uma pessoa tem o *token* de uma propriedade, significa que tem direito àquele imóvel ou parte dele. Já bens fungíveis, de acordo com o Código Civil Brasileiro, são aqueles "que podem substituir-se por outros da mesma espécie, qualidade e quantidade". Exemplo: Uma nota de R$ 100 é fungível, já que é possível trocá-la por duas de R$ 50. A pintura *A Casa Amarela*, do pintor holandês Vincent van Gogh, por outro lado, não é fungível, pois é única e não pode ser trocada por outra igual. Um NFT, portanto, é a representação de um item exclusivo, que pode ser digital – como uma arte gráfica feita no computador – ou física, a exemplo de um quadro.

Já a Resíduos ID®, a outra *startup*, venceu um desafio da Prefeitura de São Paulo e usa a rede Ethereum para *tokenizar* o lixo da cidade (EXAME, 2022m).

5.5.6 *Manejo florestal sustentável e preservação florestal*

A preocupação com a floresta amazônica não se limita apenas às árvores e demais recursos naturais que lá se encontram, mas também em relação à população que ocupa a área, em especial os povos originários do Brasil; ou seja, os indígenas.

As ações que unam o progresso econômico da região com a preservação do meio ambiente devem ser feitas com cautela e responsabilidade. Uma das iniciativas realizadas com sucesso, de acordo com FSC (2022c), é a geração de renda para ribeirinhos por meio da venda de madeira certificada da Amazônia. A Floresta Nacional do Tapajós cravada no Pará, Estado que está no topo do *ranking* do desmatamento, é uma das mais visitadas unidades de conservação do Brasil. No entanto, não apenas faz do manejo da madeira uma forma de sustento há mais de uma década como também garantiu o selo FSC (Forest Stewardship Council), o que comprova sua origem legal e a torna referência em manejo dentro do país e fora dele. Uma movelaria para reutilizar os galhos que sobram também foi criada.

Por meio de manejo florestal, é possível imaginar que espécies cobiçadas como o ipê, a maçaranduba, o jatobá, o cumaru, o cedro e a itaúba possam sair da Amazônia e se transformar no móvel da casa de alguém sem carregar o peso da culpa, da destruição e da ilegalidade. Isso porque a extração predatória da madeira na Amazônia é um dos principais vetores do desmatamento da floresta, responsável por quase 20% das derrubadas registradas este ano, de acordo com dados do sistema Deter de monitoramento por satélite, do Inpe (Instituto Nacional de Pesquisas Espaciais). No primeiro trimestre de 2020, por exemplo, foram 1.204km2 de áreas desmatadas (FSC, 2022c).

Segundo um engenheiro florestal que faz parte da Coomflona (Cooperativa Mista da Flona do Tapajós), a diferença entre o manejo florestal da madeira e a exploração ilegal é que o primeiro envolve regras a serem seguidas com respeito à área a ser trabalhada e a quantidade de árvores que podem ser derrubadas, tudo realizado por meio de um inventário prévio. Já na segunda maneira não há nenhum tipo de avaliação e derruba-se o que há de melhor, deixando para trás um rastro de destruição. "É tudo no grito. Um grita para o outro: aqui tem uma árvore boa, aí vão lá e derrubam", conta o engenheiro. Para a diretora-executiva do FSC Brasil, o manejo é uma alternativa importante para a exploração dos recursos naturais da Amazônia de forma não predatória. O que não exclui alguns desafios, segundo ela: "Todo produto que vem da floresta pode ser certificado, mas a madeira da floresta tropical é o mais desafiador porque é preciso escala para competir com a madeira ilegal. A madeira certificada precisa ser valorizada, pois não é fácil se manter certificado. O maior desafio que temos é desassociar manejo florestal de desmatamento" (FSC, 2022c).

Uma das regras do manejo florestal é que não se pode ultrapassar o volume de 30m3 por hectare de madeira, em ciclos de corte que vão de 25 a 35 anos. Os troncos só podem ser cortados se tiverem um diâmetro mínimo de 50cm e é preciso deixar na mata uma proporção das árvores maduras de cada espécie, para que elas sirvam de matrizes para a regeneração da floresta. O manejo pelos comunitários dentro da Flona do Tapajós existe desde 2005 e atualmente – depois de algumas revisões no plano – abrange uma área de 80 mil hectares, o correspondente a 15% do total da Unidade de Conservação. A certificação FSC veio em 2013, o que não gerou necessariamente mais renda aos comunitários, mas trouxe empoderamento e reconhecimento pelo trabalho realizado. Das 24 comunidades existentes na Flona, 18 fazem parte do projeto, com uma média de 130 manejadores envolvidos nas atividades, que recebem um salário mínimo por mês (FSC, 2022c).

A certificação para manejo florestal comunitário tem se mostrado uma das melhores maneiras de garantir, com sustentabilidade, a origem dos produtos das florestas brasileiras e, assim, conservar os recursos naturais, proporcionar condições de trabalho justas, incentivar boas relações entre as comunidades envolvidas e, naturalmente, auxiliar na gestão de um território tão relevante. Além disso, seus requisitos associados aos Objetivos do Desenvolvimento Sustentável (ODS) tem contribuído para o fortalecimento da Agenda ESG de empresas e demais organizações do setor florestal. Pequenos produtores, grandes empresas, investidores, consumidores, governos, todos precisam fazer diariamente escolhas em prol do desenvolvimento sustentável, para um mundo melhor, mais justo e mais verde (FSC, 2022d; FSC, 2022e).

Nesse sentido, grandes empresas se unem em prol da preservação florestal. De acordo com G1 (2022b), três grandes empresas de *commodities* do Brasil e três bancos se juntaram para criar uma empresa florestal (a Biomas®), que tem como meta atingir em 20 anos uma soma de áreas protegidas equivalente ao Estado do Rio de Janeiro. O projeto de criação da Biomas® foi apresentado durante a Conferência do Clima COP27, no Egito, por Suzano®, Vale®, Marfrig®, Itaú Unibanco®, Santander® Brasil e Rabobank®. Cada uma dessas empresas participa da Biomas® por meio de um investimento de R$ 20 milhões a serem destinados a suportar os primeiros anos de atividade da Biomas®, que propõe um modelo de negócio baseado em comercialização de créditos de carbono. O grupo de empresas formadoras da Biomas® poderá eventualmente ser ampliado no futuro.

A nova empresa tem meta de alcançar em duas décadas uma área de 4 milhões de hectares de matas nativas protegidas em diferentes biomas brasileiros, como Amazônia, Mata Atlântica e Cerrado. Desses 4 milhões, 2 milhões corresponderão à restauração de áreas degradadas a partir do plantio de aproximadamente 2 bilhões de árvores nativas. Questionada, a Suzano® afirmou que a Biomas® não tem áreas da companhia, maior produtora mundial de celulose de eucalipto, e que terá atuação independente. "Não há mais tempo para promessas, é hora da ação", disse o presidente da Suzano® em comunicado à imprensa sobre o lançamento da Biomas® (G1, 2022b).

Existe uma grande pressão externa em relação à necessidade de preservação florestal. Há cerca de um ano, seis redes europeias de supermercado, incluindo uma subsidiária do Carrefour®, anunciaram que não venderão mais uma parte ou todos os derivados de carne bovina do Brasil devido ao desmatamento da Amazônia. As empresas da aliança Biomas® estimam que o projeto poderá reduzir da atmosfera cerca de 900 milhões de toneladas de carbono equivalente em 20 anos, mas não informaram uma projeção sobre o montante de créditos que esse volume de carbono poderá gerar (G1, 2022b).

Além disso, a União Europeia (UE) tem fechado o cerco a respeito de produtos oriundos de áreas desmatadas. Segundo G1 (2022c), a UE aprovou, em dezembro de 2022, uma nova lei que visa impedir a compra de produtos ligados ao desmatamento. A nova determinação exigirá que as empresas apresentem uma declaração de diligência, mostrando que suas cadeias de suprimento não estão contribuindo para a destruição de florestas ao redor do globo. Caso isso não seja feito antes de comercializarem mercadorias para a UE, multas podem ser aplicadas.

No Brasil, essa lei antidesmate pode atingir o comércio de carne bovina, soja e café. A nova norma se aplicará à soja, carne bovina, óleo de palma, madeira, cacau e café e a alguns produtos derivados, incluindo couro, chocolate e móveis. Borracha, carvão e alguns derivados de óleo de palma foram incluídos a pedido dos parlamentares da UE (G1, 2022c).

Exercícios

1) Qual a sua opinião em relação a modelos de empresas como os de empresas "B" e Benefit Corporations? Quais empresas você conhece que são filiadas a esses conceitos de negócio?

2) Você faz em casa a separação do lixo seco (papel, papelão, plástico, metal, isopor, borracha etc.) do lixo orgânico (restos de alimentos)? Qual a importância, para o catador, de não se misturar o lixo seco com o orgânico?

3) Quais políticas poderiam ser implementadas para incentivar a logística reversa dos produtos?

4) Na Alemanha, o custo da logística reversa vem embutido no preço de um produto. Imagine que um consumidor tenha pago 2,50 euros por uma garrafa de refrigerante e que, desse valor pago, 0,20 euro seja a taxa da logística reversa. Depois de consumir o refrigerante, o consumidor deposita a garrafa vazia em uma *reverse vending machine*, que é uma máquina coletora de garrafas vazias, e recebe de volta a taxa de logística reversa; ou seja, um tíquete no valor de 0,20 euro. Qual a sua opinião sobre esse modelo

de incentivo econômico aos consumidores? Seria de fácil implementação em sua cidade ou país? Quais os possíveis empecilhos?

5) Quais empresas você conhece que têm políticas de inclusão social, além das apresentadas no presente capítulo? As políticas têm apresentado resultado satisfatório? Você conhece alguém que tenha entrado numa empresa por meio dessas políticas?

6) Você sabia dos impactos ambientais negativos relacionados à produção das roupas? E qual a sua opinião a respeito de roupas produzidas a partir de fibras de celulose?

7) Uma roupa desgastada e sem possibilidade de reutilização poderia ser reaproveitada como matéria-prima para outros produtos? Quais seriam eles?

8) Qual a diferença entre a economia circular e a economia linear?

9) Qual a sua opinião sobre os "créditos de reciclagem"? Você acredita que as empresas brasileiras estão informadas a respeito desses créditos?

6
A letra "G" do ESG – governança

6.1 A governança como base para a concretização das práticas ambientais e sociais

O maior desafio para uma implementação correta de ESG numa organização é como incorporar suas práticas ambientais e sociais dentro de um modelo adequado de governança. Por isso, o modelo apresentado no presente livro enfatiza a *interdependência* dos aspectos ambiental e social e que estão assentados sobre a *base* da governança (Figura 6.1).

A governança é que fará com que as práticas ambiental e social não sejam meramente ações pontuais realizadas pelas empresas, mas que estejam inseridas em um propósito de geração de valor que inclua não apenas o lucro como também o bem-estar da sociedade e do planeta.

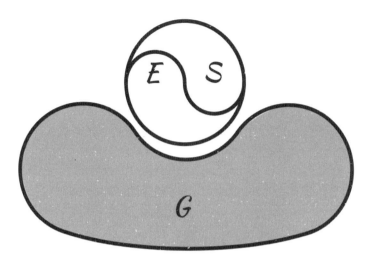

Figura 6.1 A letra "G" do ESG – governança
Fonte: autor do livro.

O principal desafio é: como incorporar as práticas ambientas e sociais na governança de uma empresa? Como fazer com que as ações sejam publicizadas, transparentes, éticas e eficazes?

Em relação às práticas ESG no Brasil, as empresas de papel e celulose estão no topo do *ranking*. Um estudo encomendado pelo Prática ESG® à consultoria especializada em Sustentabilidade Resultante mostra que nem todos os setores da economia brasileira estão caminhando no mesmo ritmo na jornada ESG. Ao analisar 150 aspectos das três dimensões de 2019 a 2021 de 135 empresas de capital aberto, foi possível identificar que o setor de papel, celulose e madeira segue na liderança, com 78,9 pontos dos 100 máximos, no fim de 2021 (O GLOBO, 2022).

Na outra ponta está o segmento de construção civil, *shoppings* e incorporação imobiliária, com 38,9 pontos. A média é de 56,4 pontos. Quanto maior a nota, mais sustentável é. Ambos evoluíram nos últimos anos, mas em ritmos diferentes: o primeiro avançou 18,8%, o segundo subiu 3,1%. Para a presidente da Resultante®, os motivos da gritante diferença são história e regulação (RESUMO CAST, 2022).

As empresas de papel e celulose representam um setor que tem empresas focadas na agenda de sustentabilidade, como Duratex®, Klabin® e Suzano®. "A demanda do exterior por madeira com certificação é um fator naturalmente impulsionador", explica a presidente da empresa de consultoria. O fato de possuir como matéria-prima florestas também ajuda por terem emissões líquidas de carbono negativas; ou seja, captam poluentes em vez de soltar na atmosfera, compensando, assim, as emissões da unidade industrial. Não há como negar que a regulação é um grande acelerador de mudanças. Não é à toa que em segundo, terceiro e quarto lugares na lista dos setores mais sustentáveis estão os de tecnologia da informação e telecomunicação (68,5 pontos), bancos e serviços financeiros (65,1 pontos) e *utilities* (energia e saneamento), com 61,1 pontos (GBC BRASIL, 2022; RESUMO CAST, 2022).

Enquanto *telecom* e *utilities* têm regras e padrões para implementar serviços nas cidades e lidar com as comunidades no entorno, instituições financeiras estão sendo cada vez mais cobradas para revisarem sua carteira de clientes, além de cuidarem da própria operação. Em 2022, entraram em vigor seis normas do Banco Central que regulam riscos sociais, ambientais e climáticos no Sistema Financeiro Nacional. Entre elas, a obrigatoriedade de divulgação do Relatório de Riscos e Oportunidades Sociais, Ambientais e

Climáticas (Relatório GRSAC) e proibição de contratação de crédito rural por quem não respeitar padrões sustentáveis. No caso da construção civil e incorporação imobiliária, há um movimento recente para construção de prédios com reuso de água, gestão de resíduos e eficiência energética. O setor, porém, é intensivo em consumo de energia e forte gerador de resíduos. E ainda tem a difícil tarefa de controlar a extensa cadeia de fornecimento (RESUMO CAST, 2022).

Para fazer o levantamento, a consultoria busca dados quantitativos e qualitativos que estejam disponíveis ao público geral e sejam validados por diversas metodologias internacionais, como indicadores-chave para medir a evolução das empresas. Na questão ambiental, avalia questões como impacto na biodiversidade e desmatamento, emissões de gases poluentes, gestão de resíduos e riscos da mudança climática para o negócio. No âmbito social, analisa relacionamentos das empresas com seus colaboradores, clientes, fornecedores e comunidades, além de notícias sobre escândalos, multas e sanções. Já na governança estão transparência e gestão, composição do conselho e integração da agenda ESG com a estratégia da companhia (GBC BRASIL, 2022).

Ainda no que tange à eficiência das práticas ESG no setor florestal, a Duratex® foi apontada pela publicação *Anual Summary of Timber e Pulp Assessments* como a empresa do Brasil e das Américas com maior transparência dos compromissos ESG do setor de madeira e celulose. O *ranking* é desenvolvido pelo programa Spott (Sustainability Policy Transparency Toolkit), iniciativa da ZSL (Zoological Society of London) e tem seu resultado determinado a partir de 175 critérios. Além da liderança doméstica e no continente, a

Duratex® alcançou a quarta colocação no mundo em 2020 (DEXCO, 2022).

A publicação analisou 100 diferentes empresas privadas que atuam no ramo de madeira e celulose pelo mundo, com o objetivo de dar suporte a investidores preocupados com as políticas e práticas das companhias nos âmbitos ambiental, social e de governança – conceito sintetizado pela sigla derivada do inglês ESG. Em 2020, a Duratex® obteve pontuação de 76,1%, um aumento de 10,2 p.p. em relação à avaliação de 2019. A média do resultado de todas as empresas analisadas em 2020 foi de 22,6% (DEXCO, 2022).

Os índices e informações usados pela avaliação estão alinhados com exigências de certificadoras de atuação global e organizações transnacionais como FSC, PEFC, GRI e a iniciativa UNGC, da ONU. Os critérios analisados são objetivos e divididos em 10 categorias, cuja pontuação é anualmente atualizada e anunciada. A cada edição novos indicadores são incluídos, estimulando a melhoria contínua nas empresas avaliadas. As categorias avaliadas nessa edição foram: política de sustentabilidade e liderança; gerenciamento de terras, florestas e fábricas; padrões de certificação; desmatamento e biodiversidade; valor de conservação, estoque de carbono e impacto; solo, incêndios e emissão de gases de efeito estufa; água, químicos e gestão de resíduos; comunidade e direitos trabalhistas; cadeia de fornecedores e parceiros; governança e litígios (DEXCO, 2022).

Dessa forma, esse é o papel de uma governança sólida e comprometida com a aplicabilidade das ações da organização; seja no campo ambiental, social ou de atuação junto aos *stakeholders* (partes envolvidas).

6.2 O que é governança corporativa?

A governança corporativa descreve principalmente os sistemas que uma empresa usa para equilibrar as demandas concorrentes de suas diversas partes interessadas, incluindo acionistas, funcionários, clientes, fornecedores, financiadores e a comunidade. Por meio desse processo, fornece a estrutura para cumprir os objetivos de uma empresa, abrangendo todos os aspectos do comportamento organizacional, incluindo planejamento, gerenciamento de riscos, medição de desempenho e divulgação corporativa. No total, garante uma supervisão adequada destinada a garantir a criação de valor sustentável e de longo prazo com a devida consideração por todas as partes interessadas (BRADLEY, 2021).

Os principais *stakeholders* diretamente envolvidos geralmente são os acionistas, a alta administração e o conselho de administração; participam, também, na governança corporativa funcionários, fornecedores, clientes, bancos, diversos credores, instituições reguladoras e comunidade em geral.

Ter uma governança corporativa sólida traz diversos benefícios para as empresas, principalmente no tocante ao aumento da competitividade e da rentabilidade, bem como boas práticas, organização, métodos, disciplina e ética. Um dos aspectos geralmente considerados pelos investidores, ávidos por segurança e procedimentos que gerem e mantenham valor, é se a empresa tem uma boa governança corporativa. Isso pode ser decisivo, não somente para investimentos individuais, mas também para possíveis aquisições ou parcerias.

As aplicações da governança corporativa são diversas. Por exemplo, Kang e Shivdasani (1995) analisaram o papel dos mecanismos de governança corporativa na alta rotatividade de executivos em corporações japonesas.

Um estudo relacionando à governança corporativa com o desenvolvimento sustentável foi realizado por Almici (2012). Segundo o autor, a execução correta dos processos de governança requer um foco claro no desenvolvimento sustentável e seu relacionamento com o conceito de responsabilidade global. As decisões tomadas pelas organizações devem ser orientadas pelo propósito de criar valor em longo prazo, de acordo com as condições de justiça e desenvolvimento sustentável. É necessário analisar e aprofundar as conexões existentes entre governança corporativa, desenvolvimento sustentável e criação de valor.

Aras e Crowther (2008) destacaram que a governança corporativa é fundamental para a operação contínua de qualquer corporação, e por isso tem sido dada muita atenção aos seus procedimentos. Da mesma forma, investir em sustentabilidade é fundamental para qualquer atividade empresarial e, sem dúvida, algo que veio para ficar. No entanto, afirmaram os autores, percebe-se que é mais claro, para as empresas, o que é (e como fazer) governança corporativa do que ações envolvendo sustentabilidade.

6.3 Princípios básicos de governança corporativa propostos pelo IBGC

O Instituto Brasileiro de Governança Corporativa (IBGC®) é uma organização sem fins lucrativos, referência nacional e internacional em governança corporativa. O instituto contribui para o desempenho sustentável das organizações por meio da geração e disseminação de conhecimento das melhores práticas em governança corporativa, influenciando e representando os mais diversos agentes, visando uma sociedade melhor. Fundado em 27 de novembro de 1995, em São Paulo, o IBGC® desenvolve programas de capacitação e certificação profissionais, eventos e também atua regionalmente por meio de oito capítulos regionais no Distrito Federal, nos estados do Ceará, Minas Gerais, Paraná, Pernambuco, Rio de Janeiro, Rio Grande do Sul e Santa Catarina e dois núcleos nos estados da Bahia e do interior paulista (IBGC, 2022a).

O IBGC® integra a rede de Institutos de Gobierno Corporativo de Latino America (IGCLA®) e o Global Network of Director Institutes (GNDI®), grupo que congrega institutos relacionados à governança e conselho de administração ao redor do mundo (IBGC, 2022a).

De acordo com o IBGC (2022b), a governança corporativa é uma tendência internacional que chegou ao Brasil como um caminho para que empresas e demais organizações pudessem ser dirigidas e monitoradas de forma transparente. Essa dinâmica corporativa engloba aspectos como o relacionamento entre sócios, conselho de administração, diretoria, órgãos de fiscalização e controle e demais partes interessadas. Mas, como saber se determinada empresa está no caminho da governança?

De acordo com o Código das Melhores Práticas de Governança Corporativa, a governança corporativa está baseada em quatro princípios de boas práticas. Sua adequada adoção resulta em um clima de confiança tanto internamente quanto nas relações com terceiros (IBGC, 2022b).

Os quatro princípios de boas práticas em governança corporativa são (IBGC, 2022b):

1) Transparência: consiste no desejo de disponibilizar para as partes interessadas as informações que sejam de seu interesse e não apenas aquelas impostas por disposições de leis ou regulamentos. Não deve se restringir ao desempenho econômico-financeiro, contemplando também os demais fatores (inclusive intangíveis) que norteiam a ação gerencial e que conduzem à preservação e à otimização do valor da organização.

2) Equidade: caracteriza-se pelo tratamento justo e isonômico de todos os sócios e demais partes interessadas (*stakeholders*), levando em consideração seus direitos, deveres, necessidades, interesses e expectativas.

3) Prestação de contas (*accountability*): os agentes de governança devem prestar contas de sua atuação de modo claro, conciso, compreensível e tempestivo, assumindo integralmente as consequências de seus atos e omissões e atuando com diligência e responsabilidade no âmbito dos seus papéis.

4) Responsabilidade corporativa: os agentes de governança devem zelar pela viabilidade econômico-financeira das organizações, reduzir as externalidades negativas de seus negócios e suas operações e aumentar as positivas, levando em consideração, no seu modelo de negócios, os diversos capitais (financeiro, manufaturado, intelectual, humano, social, ambiental, reputacional etc.) no curto, médio e longo prazos.

Uma das boas práticas de governança corporativa, associada à sustentabilidade, é estabelecer programas de *compliance* eficientes. Esses programas criam e mantêm mais qualidade nas operações da empresa, proporcionando mais credibilidade e, portanto, com chances de atrair mais investidores, melhores taxas de financiamento, além de melhoria na imagem institucional. Os critérios de desempenho ambiental devem constar na governança corporativa.

6.4 Relação entre *compliance* e sustentabilidade

Governança corporativa e *compliance* são técnicas modernas e que representam importantes e eficientes mecanismos de melhoria de fluxos, processos, procedimentos e condutas empresariais. Devem ser tratados como elementos fundamentais na estratégia das organizações, visto que despendem tempo, energia e dinheiro, mas revertem-se em melhorias, garantindo a sustentabilidade econômica, social e ambiental da empresa.

Compliance é entendido no meio corporativo como um conjunto de técnicas para fazer cumprir normas legais e regulamentares, políticas e diretrizes estabelecidas na empresa para suas atividades. Adicionalmente, tem como objetivo evitar, detectar e tratar de desvios ou não conformidades que possam ocorrer.

Para se ter uma boa governança é necessário difundir, para cada membro da organização e pessoa relacionada, o conceito e o dever de estar em cumprimento a normas internas, leis e regulamentos a que a organização está submetida; ou seja, estar em *compliance*.

Quando uma empresa está em *compliance* significa que ela está em conformidade; ou seja, ela está cumprindo normas, regulamentos e leis, tanto no âmbito interno como no externo. Analisando a definição de *compliance*, pode-se inferir que ela tenha uma estreita relação com os processos de certificações voluntárias, entre as quais as certificações de cunho ambiental.

Se foram analisadas, por exemplo, as atividades das mais conhecidas certificações ambientais, como a ISO 14001 e a certificação florestal (FSC e Cerflor/PEFC), nota-se que existe uma estreita relação com *compliance*.

Nas certificações existem normas a serem cumpridas (conforme o escopo de atuação da certificação), por vezes exigência de que a empresa cumpra a legislação que lhe é aplicável, e a necessidade de detectar e atender a não conformidades que surjam durante ou após o processo de certificação. Outros aspectos próximos ao *compliance* são: envolvimento da alta administração, políticas e procedimentos internos para atendimento aos padrões da certificação, treinamento, comunicação, registros, controles internos, canais de denúncia, melhoria contínua, entre outros.

Para empresas que não têm certificações de cunho ambiental, mas que buscam adotar princípios da sustentabilidade (a implementação de elementos da gestão ambiental, p. ex.), vários desses aspectos farão parte, invariavelmente, de suas condutas. A sustentabilidade veio para reforçar o planejamento, a organização, a direção e o controle nas empresas, fazendo com que as pessoas na organização sejam mais inovadoras e criativas, oferecendo também produtos melhores para a sociedade. Agindo dessa forma, podem surgir ganhos econômicos na otimização de processos e insumos, além de melhoria da imagem institucional.

Há, portanto, uma forte relação entre *compliance* e sustentabilidade. No entanto, para que sejam potencializados os resultados da governança corporativa, do *compliance*, bem como os associados à sustentabilidade nas empresas, é fundamental que ocorra o planejamento em todos os níveis da organização, objetivando a geração de valor sustentável.

6.5 Geração de valor sustentável

Como em todas as decisões de grande relevância nas empresas, ser ou não ser uma empresa verde passa pela importância que a alta administração dá ao tema. São os dirigentes máximos (alta cúpula) que definem as prioridades de uma organização e que considerarão se a variável meio ambiente de fato é um assunto estratégico, devendo ser incluída e praticada em todas as suas divisões e subdivisões; ou se é apenas um item secundário (ALVES, 2016).

O planejamento em nível estratégico corresponde àquele de nível mais elevado na organização, pois é composto pela alta cúpula (diretores, proprietários ou acionistas). Segundo Chiavenato (2009), é no nível estratégico (ou institucional) que as decisões são tomadas e que são traçados os objetivos da organização, além das estratégias necessárias para alcançá-los. O planejamento deve acompanhar as mudanças do ambiente externo, lidando com a incerteza, pois não há controle algum sobre os eventos e acontecimentos presentes nem capacidade de prever com precisão eventos e acontecimentos.

O planejamento estratégico trabalha com questões relacionadas ao longo prazo da organização e à formulação de objetivos e estratégias; nesse aspecto se enquadram ações relacionadas à sustentabilidade ambiental empresarial e geração de valor sustentável, devido ao seu caráter duradouro.

De forma geral, as características do mercado se refletem nas condições macroambientais e nas forças que exercerão influência na empresa. Esta necessita conhecer a concorrência, as peculiaridades do mercado, a atuação do governo etc., para, a partir daí, definir as estratégias que usará para se adaptar ao mercado, buscando seu espaço. Além disso, mercados em que a concorrência é mais acentuada, em que as pressões governamentais e da sociedade são maiores, são mais propícios a desgastes por parte da empresa, o que exigirá estratégias mais cuidadosas e, em muitos casos, mais ousadas.

Nesse sentido, é importante que a organização defina suas prioridades em termos de geração de valor sustentável. Uma das perguntas que podem ser feitas é: como é a questão ambiental para os *stakeholders* do mercado em que atuo? Eles "enxergam" a responsabilidade socioambiental das empresas como um fator indispensável para os negócios, ou é apenas um fator secundário ou mesmo irrelevante?

Indo ao encontro da pergunta anterior, também se pode perguntar: como é a questão ambiental para os *shareholders* (acionistas) que fazem parte da minha organização? Eles entendem que a responsabilidade socioambiental é um elemento vital para a estratégia da organização em curto, médio ou longo prazos? Ou simplesmente não acreditam que este fator será importante em seus negócios?

Caso a resposta da pergunta dos *stakeholders* seja que é um "fator indispensável para os negócios da empresa", há necessidade de que a resposta dos *shareholders* seja compatível e que sinalize mudanças na estratégia da organização em relação à sua responsabilidade socioambiental, de preferência no curto e no médio prazos.

Caso os *stakeholders* considerem que a responsabilidade socioambiental seja um aspecto secundário ou mesmo irrelevante, mesmo assim é importante que os *shareholders* definam estratégias voltadas à sustentabilidade ambiental, em face das mudanças que ocorrem nos mercados e também do maior nível de informação e conhecimento dos consumidores. Essas ações de mudanças podem ocorrer no médio ou no longo prazos, mas não devem ser ignoradas. Mesmo que o mercado consumidor não sinalize interesse pelas questões ambientais, é prudente, para a perenidade dos negócios, que a alta administração da organização se antecipe a essas mudanças.

Mas, afinal de contas, por onde começar? Evidentemente, há diversos caminhos pelos quais a organização poderia seguir com o objetivo de gerar valor sustentável. No entanto, pode-se sugerir que a empresa identifique as chamadas atividades-meio, que são aquelas que auxiliam na geração de valor sustentável; e identifique, também, as chamadas "atividades-fim", que são aquelas que efetivamente contribuem para a geração de valor sustentável, comentadas no início do capítulo (Figura 6.1).

Um dos desafios da alta administração ao implementar ações para geração de valor sustentável na organização é fazer com que seus subordinados entendam e abracem a causa ambiental.

Após a definição das estratégias da organização em relação à sustentabilidade ambiental, torna-se necessário o envolvimento de gerentes, diretores ou chefes para que sejam elaborados os planos e programas de condução do processo e para que, posteriormente, estes sejam executados operacionalmente.

O nível tático, também chamado mediador ou gerencial, corresponde aos departamentos e divisões da organização e está situado entre o nível estratégico e o nível operacional (CHIAVENATO, 2009). O planejamento tático trabalha com questões relacionadas ao médio prazo da organização, e nesse aspecto se faz a adequação das decisões tomadas no nível estratégico para que sejam executadas no nível operacional.

As pessoas que estão no nível tático são as que mais devem estar envolvidas com o compromisso de responsabilidade socioambiental, visto que serão elas as responsáveis por elaborar os planos e programas necessários à implementação dos processos de geração de valor sustentável em toda a organização, em especial no nível operacional. São elas que cobrarão, no dia a dia, a execução das tarefas de seus operários e terão de prestar contas à alta administração de suas ações. Por isso, precisam efetivamente abraçar a causa ambiental da organização e ser capacitadas, tanto em termos gerenciais como operacionais, em relação aos objetivos sustentáveis da empresa. Também é importante que sejam bem remuneradas e que vejam a estratégia ambiental como positiva não somente para a organização, mas para seus clientes e toda a sociedade.

Para auxiliar na capacitação dos gerentes, se necessário, a organização deverá contratar uma consultoria da área ambiental para fornecer apoio necessário a essa tarefa.

Sendo assim, caso o responsável no nível tático seja um gerente de recursos humanos, ele deverá ser capaz de motivar e capacitar as pessoas para o comprometimento com as questões ambientais na empresa, enfatizando aspectos relacionados à otimização dos recursos, tais como matéria-prima, água, energia, papel etc.; se for o gerente de finanças, ele deverá estar atento para os investimentos feitos em relação à sustentabilidade ambiental na organização, tais como compra de novas máquinas e equipamentos com melhor desempenho energético, filtros antipoluição, matéria-prima de origem sustentável etc.

O gerente de *marketing* deve estar em sintonia com o mercado e as novas tendências ligadas à sustentabilidade ambiental, e para isso precisa adotar princípios de *marketing* verde.

Já o responsável pela produção na empresa deve levar em conta os aspectos relacionados à matéria-prima e ao uso dos demais recursos da organização, como água e energia elétrica.

Os planos e programas desenvolvidos pelos gerentes e diretores esmiuçarão os objetivos e estratégias ambientais da alta administração em relação a atividades-meio e atividades-fim de geração de valor sustentável na organização. Esses planos e programas serão desdobrados em rotinas e procedimentos que serão executados pelo nível operacional.

Enquanto a alta administração define os horizontes da organização em relação à sustentabilidade ambiental, passando para os gerentes e diretores a tarefa de determinar as ações que deverão ser executadas na prática, é no nível operacional que as atividades cotidianas ligadas à sustentabilidade vão de fato acontecer. O nível operacional é como a célula de um organismo vivo ou cada um dos tijolos que sustentam uma construção; em suma, representa a base de toda a organização.

Para Chiavenato (2009), o nível operacional ou técnico está relacionado ao trabalho básico diretamente ligado à elaboração dos produtos ou serviços da organização e que visa atender a determinadas rotinas e procedimentos definidos nos planos e programas do nível tático. Tem por objetivo o uso pleno dos recursos disponíveis e a máxima eficiência das operações.

As atividades exercidas pelo pessoal do nível operacional, com o tempo tornam-se automatizadas, o que faz com que a capacitação desses empregados seja mais simples e focada em rotinas e procedimentos. Assim também deve ser a capacitação para contemplar os requisitos ambientais que se deseja implementar na organização. Por exemplo, o empregado deve ser treinado para operar determinada máquina de forma que haja o melhor uso possível de matéria-prima, evitando desperdícios que gerariam sobras do material, constituindo-se ao mesmo tempo em ganho econômico e ambiental para a empresa; ou, então, deverá ter noção aproximada de quantos litros de água são necessários para a execução de determinada tarefa que está sob sua responsabilidade, evitando desperdício.

Cada atividade realizada pelo nível operacional, sob a supervisão do nível tático, e obedecendo aos objetivos ambientais delineados pelo nível estratégico, conduzirá a empresa na geração de valor sustentável.

Com base no planejamento estratégico, tático e operacional que visa à oferta de valor sustentável aos *shareholders* e *stakeholders*, surgem novos modelos de negócio e que agora devem se pautar por práticas ESG.

6.6 Mapeamento das práticas ESG de uma empresa

Cada empresa tem suas especificidades próprias; pois isso depende da área de atuação, do seu porte (tamanho), de seus localização e das pessoas que a compõem. A maneira como vai atender às questões ambientais e sociais, bem como a estrutura que desenvolverá para a sua governança irá variar de empresa para empresa. Em síntese, a forma de pensar, de agir e de estabelecer os processos internos e externos é particular de cada organização.

Ainda assim, é possível sugerir algumas ferramentas para auxiliar na tomada de decisões e que podem servir de "pontapé" inicial para uma organização fazer adaptações e criar suas próprias ações de governança na Agenda ESG.

O mapeamento sugerido para tomada de decisões é proposto para auxiliar na construção de uma Agenda ESG e tem o modelo da Figura 6.1 como guia: pressupõe a *interdependência* dos aspectos ambiental e social e que estão assentados sobre a *base* da governança.

Os mapeamentos sugeridos não são mutuamente excludentes, mas sim complementares.

6.6.1 Mapeamento ESG: elemento E (ambiental)

Considerando que governança corporativa pode ser entendida como o conjunto de processos, costumes, políticas, leis, regulamentos e instituições que regulam a forma como uma empresa é dirigida, administrada ou controlada, entende-se que as questões ambientais e sociais fazem parte dessa "estrutura de como governar uma organização".

Além disso, governança também consiste no estudo das relações entre os diversos *stakeholders* e os objetivos pelos quais a empresa se orienta e eles impactam e são impactados pelas decisões referentes ao ambiental e social.

Dessa forma, para cada elemento do ESG são propostos dois mapeamentos: o primeiro relacionado aos princípios do IBGC (Instituto Brasileiro de Governança Corporativa); e o segundo intitulado "outros aspectos importantes".

Em relação à sustentabilidade ambiental espera-se que haja, cada vez mais, uma demanda forte da sociedade, cobrando posturas proativas das empresas. Diversos aspectos contribuem para essa mudança de visão como o empoderamento do consumidor, a necessidade de se desenvolver plenamente a economia circular, a sustentabilidade ambiental como mola propulsora da inovação nas empresas, a pressão dos investidores, dentre outros.

É provável que, em um primeiro momento, as práticas mais efetivas de ESG comecem pelas grandes corporações e, depois de um tempo, atinjam as menores. Como há um risco operacional maior nas grandes empresas, é natural que elas "puxem essa fila".

Também é primordial que as empresas "materializem" suas práticas ESG (os mapeamentos sugeridos neste livro pretendem auxiliar nesse aspecto), mostrando o seu poder de transformação nas atividades da empresa, suas principais contribuições e, sobretudo, que a organização não está adotando ações de *greenwashing* (lavagem verde). Adotar práticas ESG não pode ser visto como um mero discurso ambiental e social, mas como uma questão de perenidade dos negócios.

A Tabela 6.1 apresenta o mapeamento do elemento "ambiental" feito conforme os princípios do IBGC.

Tabela 6.1 Mapeamento E (Ambiental), considerando os princípios do IBGC (Instituto Brasileiro de Governança Corporativa)

Mapeamento E (Ambiental)	Descrever a situação	Nota (0 a 10)	Não se aplica? Por quê?
Como são disponibilizadas aos *stakeholders* da área *ambiental* as informações que sejam de seu interesse e não apenas aquelas impostas por disposições de leis ou regulamentos? (Princípio "transparência" – IBGC.)			
Como é o tratamento prestado pela empresa aos *stakeholders* da área *ambiental*, levando em consideração seus direitos, deveres, necessidades, interesses e expectativas? (Princípio "equidade" – IBGC.)			
A prestação de contas da empresa aos *stakeholders* da área *ambiental* é feita de maneira clara, concisa e compreensível, assumindo integralmente as consequências de seus atos e omissões e atuando com diligência e responsabilidade no âmbito dos seus papéis? (Princípio "prestação de contas" – IBGC.)			
Como a empresa zela por sua viabilidade econômico-financeira considerando os gastos relacionados à área *ambiental*? (Princípio "responsabilidade corporativa" – IBGC.)			
Como a empresa faz para reduzir as externalidades negativas de seus negócios e suas operações e aumentar as positivas, levando em consideração, no seu modelo de negócios, os diversos capitais (financeiro, manufaturado, intelectual, humano, social, ambiental, reputacional etc.) no curto, médio e longo prazos? Considere apenas o que envolve a questão *ambiental* em sua resposta. (Princípio "responsabilidade corporativa" – IBGC.)			

Fonte: autor do livro.

Um aspecto importante, também, é analisar o ESG da empresa a partir da matriz SWOT. Segundo Alves (2011a), ela representa uma ferramenta para analisar os pontos fortes, os pontos fracos, as oportunidades e as ameaças de uma empresa e, dessa forma, construir estratégias competitivas no mercado. Esta matriz é também conhecida como Matriz Fofa, cuja sigla representa as letras iniciais, em português, de cada um dos pontos mencionados anteriormente; ela poderá ser usada em diversas situações.

Os pontos fortes e os pontos fracos de uma empresa podem estar relacionados à sua atuação no mercado, como poder de negociação junto a fornecedores, compradores e governo, possibilidade de criar barreiras de entradas a fim de impedir novos entrantes, e criação de dificuldades para o estabelecimento de produtos substitutos que venham a concorrer com seus produtos. Além disso, os pontos fortes e fracos de uma empresa estão diretamente ligados à sua capacidade de implementar estratégias, e, por isso, a habilidade administrativa das pessoas que a conduzem é um ponto crucial (ALVES, 2011a; PORTER, 2004).

O mesmo vale para as oportunidades e as ameaças. As oportunidades são as situações identificadas pela empresa como favoráveis à sua inserção no mercado e podem levá-la a desenvolver uma tecnologia diferente, um produto ou, então, buscar um outro mercado. Para aproveitar uma oportunidade, a empresa deve efetuar um estudo pormenorizado a fim de verificar seus prós e contras, visto que geralmente irá requerer investimentos monetários, de tempo e de pessoal. Já a ameaça representa as situações de risco que podem minar a atuação de uma empresa no mercado e fazer com que ela perca recursos financeiros, humanos, tempo, e, em alguns casos, credibilidade perante os consumidores e diversos atores sociais. É necessário analisar as ameaças ao surgir uma nova empresa no mercado ou, então, quando um concorrente desenvolve novo produto ou serviço (ALVES, 2011a; PORTER, 2004).

Analisar os três elementos do ESG (ambiental, social e governança) a partir dos pontos fortes, pontos fracos, oportunidades e ameaças constantes na Matriz SWOT podem levar a reflexões interessantes. Por isso, elas são feitas ao final de cada mapeamento que consideram "outros aspectos importantes" de cada letra do ESG.

Nesse contexto, e a partir dos vários assuntos e exemplos apresentados no capítulo 4 (A Letra "E" do ESG – ambiental), sugere-se o mapeamento de outros aspectos importantes relacionados ao elemento "ambiental" (Tabela 6.2).

Tabela 6.2 Mapeamento E (Ambiental), considerando outros aspectos importantes em meio ambiente

Mapeamento E (Ambiental)	Descrever a situação	Nota (0 a 10)	Não se aplica? Por quê?
Qual o impacto da empresa na biodiversidade?			
Qual o impacto da empresa no desmatamento?			
Como são as emissões de gases poluentes?			
Como é a política de gerenciamento de resíduos nas atividades da empresa?			
Quais os riscos da mudança climática para o negócio da empresa?			
Como a empresa gerencia os possíveis riscos ambientais relacionados à atividade da empresa?			
A empresa tem códigos de ética e de conduta relacionados à sustentabilidade ambiental?			
Como é a relação da empresa com os códigos de *compliance*, atuação sem corrupção e processos de auditoria na esfera ambiental?			

Quais os tipos de certificação da área ambiental que a empresa tem?		
Como é a política de sustentabilidade ambiental da corporação?		
A empresa tem algum planejamento para a otimização de matéria-prima, água e energia elétrica em suas atividades?		
Como é o gerenciamento de terras, florestas e fábricas?		
Como a empresa lida com o desmatamento em suas áreas ou de parceiros?		
Qual a relação da empresa com a biodiversidade?		
Qual o compromisso da empresa com valor de conservação, estoque de carbono e impactos ambientais negativos?		
Qual a relação da empresa com os seguintes temas: solos, incêndios, emissão de gases de efeito estufa.		
Qual a relação da empresa com os seguintes temas: água, químicos e gestão de resíduos.		

Mapeamento E (Ambiental)	Descrever a situação	Nota (0 a 10)	Não se aplica? Por quê?
Qual o compromisso da empresa em relação ao uso de matérias-primas mais sustentáveis?			
Qual o compromisso da empresa em relação ao uso de embalagens mais sustentáveis?			
Qual o compromisso da empresa em relação ao uso, em sua frota, de veículos que sejam elétricos ou híbridos?			
A empresa já calculou a sua "pegada de carbono"?			
A empresa participa de algum projeto para compensar o carbono emitido pelas suas atividades?			
A empresa participa de algum projeto de "pagamento por serviços ambientais"?			
A empresa participa de algum projeto de geração de "créditos de carbono" ou de "créditos de reciclagem"?			
Como a empresa lida com as possíveis pressões de investidores em relação à sua conduta ambiental?			

Quais são os *objetivos* e *metas* da empresa em relação à sustentabilidade ambiental considerando os horizontes temporais de curto, médio e longo prazos?		
Quais os principais pontos *fortes* da empresa em relação ao elemento "ambiental" da Agenda ESG? (Matriz SWOT.)		
Quais os principais pontos *fracos* da empresa em relação ao elemento "ambiental" da Agenda ESG? (Matriz SWOT.)		
Quais as principais *oportunidades* da empresa em relação ao elemento "ambiental" da Agenda ESG? (Matriz SWOT.)		
Quais as principais *ameaças* da empresa em relação ao elemento "ambiental" da Agenda ESG? (Matriz SWOT.)		
Outros aspectos a serem considerados em relação à questão ambiental....		

Fonte: autor do livro.

A empresa deve ser capaz de responder de forma correta e responsável às perguntas feitas na Tabela 6.2 e, se necessário, incluir outras que estejam mais voltadas à sua realidade. Responder às perguntas pode ajudar a empresa a pensar em ações que possam mitigar seus impactos ambientais negativos e potencializar seus impactos ambientais positivos.

6.6.2 Mapeamento ESG: elemento S (social)

A fim de fazer reflexões acerca do elemento social da Agenda ESG é proposto um mapeamento considerando os princípios do IBGC® (Instituto Brasileiro de Governança Corporativa), adaptados para a análise de aspectos sociais (Tabela 6.3).

A pandemia do novo coronavírus (covid-19), doença infecciosa causada pelo vírus SARS-CoV-2, e que ocorreu mais intensamente em 2020 e 2021, escancarou uma série de problemas sociais. Falta de acesso à água potável e ao saneamento básico foram, provavelmente, um dos itens que mais se sobressaíram, principalmente num contexto de necessidade de se lavar as mãos para evitar o contágio com o vírus.

Mas o principal, certamente, foram as dificuldades que passaram boa parte dos trabalhadores informais, impossibilitados de exercer suas atividades, acuados pelo vírus e desassistidos, inicialmente, por políticas sociais. É certo que tudo ocorreu de forma repentina e que a maioria dos países não estava preparada para uma pandemia de tamanha magnitude. Até a chegada das vacinas e a cobertura mínima de vacinados para garantir a imunidade e aplacar a severidade da doença, decorreram mais de dois anos.

Tabela 6.3 Mapeamento S (Social), considerando os princípios do IBGC (Instituto Brasileiro de Governança Corporativa)

Mapeamento S (Social)	Descrever a situação	Nota (0 a 10)	Não se aplica? Por quê?
Como são disponibilizadas aos *stakeholders* da área *social* as informações que sejam de seu interesse e não apenas aquelas impostas por disposições de leis ou regulamentos? (Princípio "transparência" – IBGC.)			
Como é o tratamento prestado pela empresa aos *stakeholders* da área *social*, levando em consideração seus direitos, deveres, necessidades, interesses e expectativas? (Princípio "equidade" – IBGC.)			
A prestação de contas da empresa aos *stakeholders* da área *social* é feita de maneira clara, concisa e compreensível, assumindo integralmente as consequências de seus atos e omissões e atuando com diligência e responsabilidade no âmbito dos seus papéis? (Princípio "prestação de contas" – IBGC.)			

Mapeamento S (Social)	Descrever a situação	Nota (0 a 10)	Não se aplica? Por quê?
Como a empresa zela por sua viabilidade econômico-financeira considerando os gastos relacionados à área *social*? (Princípio "responsabilidade corporativa" – IBGC.)			
Como a empresa faz para reduzir as externalidades negativas de seus negócios e suas operações e aumentar as positivas, levando em consideração, no seu modelo de negócios, os diversos capitais (financeiro, manufaturado, intelectual, humano, social, ambiental, reputacional etc.) no curto, médio e longo prazos? Considere apenas o que envolve a questão *social* em sua resposta. (Princípio "responsabilidade corporativa" – IBGC.)			

Fonte: autor do livro.

No mundo corporativo, o que se viu foi a necessidade urgente de migrar para o teletrabalho, ou trabalho remoto, quando as atividades assim permitiam. Além disso, o uso maciço de plataformas para conversação remota e a aceleração no uso de relatórios, documentos e assinaturas digitais foram pontos marcantes do período. A velocidade das informações, por meio da internet e das redes sociais, tem dois lados da moeda, pois o que as empresas fazem repercute rapidamente, seja a favor ou contra.

O serviço de tele-entrega foi intensificado, pois bares, restaurantes e pizzarias ficaram impossibilitados de receber clientes por um longo período de tempo.

Todos esses fatos contribuíram para mudar mais rapidamente a sociedade e tiveram forte impacto nas atividades empresariais.

Nesse contexto, e a partir dos vários assuntos e exemplos apresentados no capítulo 5 (A letra "S" do ESG – social), sugere-se o mapeamento de outros aspectos importantes relacionados ao elemento social (Tabela 6.4).

Tabela 6.4 Mapeamento S (Social), considerando outros aspectos importantes ao elemento social

Mapeamento S (Social)	Descrever a situação	Nota (0 a 10)	Não se aplica? Por quê?
Como é o relacionamento da empresa com os seus colaboradores?			
Como é o relacionamento da empresa com os seus clientes?			
Como é o relacionamento da empresa com os seus fornecedores?			
Como é o relacionamento da empresa com a comunidade?			
Como é o relacionamento da empresa com o Poder Público?			
A empresa tem códigos de ética e de conduta relacionados às questões sociais?			
Como é a relação da empresa com os códigos de *compliance*, atuação sem corrupção e processos de auditoria na esfera social?			
Quais os tipos de certificação da área social que a empresa tem?			
Como a empresa gerencia os possíveis riscos sociais relacionados à atividade da empresa?			

Como é a atitude frente a escândalos, multas e sanções que envolvem a empresa?		
Quais as políticas de qualificação e promoção de seus funcionários?		
Quais as políticas da empresa para formação de lideranças?		
Quais as políticas da empresa em relação às mulheres?		
Quais as políticas da empresa especificamente em relação às mulheres negras?		
Quais as políticas da empresa de inclusão de pessoas historicamente excluídas da sociedade como negros, quilombolas, indígenas e população LGBTQIA+?		
Quais as políticas da empresa especificamente em relação às pessoas deficientes?		

Mapeamento S (Social)	Descrever a situação	Nota (0 a 10)	Não se aplica? Por quê?
Quais as políticas da empresa especificamente em relação às pessoas em situação de vulnerabilidade socioeconômica como moradores de rua e pessoas de baixa renda?			
Quais as políticas da empresa especificamente em relação ao apoio às crianças e adolescentes?			
Quais as políticas da empresa especificamente em relação ao apoio social à logística reversa (catadores, usinas de reciclagem etc.)?			
Como a empresa lida com as possíveis pressões de investidores em relação à sua conduta social?			
Qual a política da empresa em relação ao teletrabalho?			
Qual a política da empresa em relação à automação de certos tipos de atividades?			
Quais são os *objetivos* e *metas* da empresa em relação às questões sociais considerando os horizontes temporais de curto, médio e longo prazos?			

Quais os principais *pontos fortes* da empresa em relação ao elemento "social" da Agenda ESG? (Matriz SWOT.)		
Quais os principais *pontos fracos* da empresa em relação ao elemento "social" da Agenda ESG? (Matriz SWOT.)		
Quais as principais *oportunidades* da empresa em relação ao elemento "social" da Agenda ESG? (Matriz SWOT.)		
Quais as principais *ameaças* da empresa em relação ao elemento "social" da Agenda ESG? (Matriz SWOT.)		
Outros aspectos a serem considerados em relação à questão social...		

Fonte: autor do livro.

Aqui, mais uma vez, a empresa deve ser capaz de responder de forma correta e responsável às perguntas feitas na Tabela 6.4 e, se necessário, incluir outras que estejam mais voltadas à sua realidade. Responder às perguntas pode ajudar a empresa a pensar em ações que possam mitigar seus impactos sociais negativos e potencializar seus impactos sociais positivos.

6.6.3 Mapeamento ESG: elemento G (governança)

As reflexões acerca do elemento governança da Agenda ESG podem ser vistas por meio de uma proposta de mapeamento considerando os princípios do IBGC® (Instituto Brasileiro de Governança Corporativa) adaptados para a análise de aspectos sociais. Esse mapeamento é apresentado na Tabela 6.5.

Tabela 6.5 Mapeamento G (Governança), considerando os Princípios do IBGC (Instituto Brasileiro de Governança Corporativa)

Mapeamento G (Governança)	Descrever a situação	Nota (0 a 10)	Não se aplica? Por quê?
Como são disponibilizadas aos *stakeholders* das *outras áreas* (não ambiental e não social) as informações que sejam de seu interesse e não apenas aquelas impostas por disposições de leis ou regulamentos? (Princípio "transparência" – IBGC.)			
Como é o tratamento prestado pela empresa aos *stakeholders* das *outras áreas* (não ambiental e não social), levando em consideração seus direitos, deveres, necessidades, interesses e expectativas? (Princípio "equidade" – IBGC.)			
A prestação de contas da empresa aos *stakeholders* das *outras áreas* (não ambiental e não social) é feita de maneira clara, concisa e compreensível, assumindo integralmente as consequências de seus atos e omissões e atuando com diligência e responsabilidade no âmbito dos seus papéis? (Princípio "prestação de contas" – IBGC.)			

Mapeamento G (Governança)	Descrever a situação	Nota (0 a 10)	Não se aplica? Por quê?
Como a empresa zela por sua viabilidade econômico-financeira considerando os gastos relacionados às *outras áreas* (não ambiental e não social)? (Princípio "responsabilidade corporativa" – IBGC.)			
Como a empresa faz para reduzir as externalidades negativas de seus negócios e suas operações e aumentar as positivas, levando em consideração, no seu modelo de negócios, os diversos capitais (financeiro, manufaturado, intelectual, humano, social, ambiental, reputacional etc.) no curto, médio e longo prazos? Considere apenas o que envolve as *outras áreas* (não ambiental e não social) em sua resposta. (Princípio "responsabilidade corporativa" – IBGC.)			

Fonte: autor do livro.

Para Illuminem (2022), a classificação ESG é o resultado da análise ESG de uma empresa e, por isso, deve se basear em:

- Coleta de informações (demonstrações financeiras, relatórios de Responsabilidade Social Corporativa (RSC), entrevistas, questionários).
- Avaliação de informações.
- Verificação de dados de saída.

A classificação de sustentabilidade geralmente é confiada a centros de pesquisa especializados na coleta e processamento de informações e dados sobre o comportamento ESG das empresas. No entanto, é questionável se os critérios de avaliação desenvolvidos pelas agências de *rating* ESG são capazes de oferecer respostas adequadas aos investidores (ILLUMINEM, 2022).

Os critérios ESG são avaliados por meio de uma variedade de abordagens (ILLUMINEM, 2022):

- Abordagens quantitativas, que avaliam a sustentabilidade do desempenho da empresa com base em dados publicamente disponíveis, elaborados de acordo com padrões internacionais (p. ex., certificação ISO 14001 sobre a gestão de questões ambientais em processos de negócios).
- Abordagens qualitativas, que envolvem a coleta de dados e informações das empresas por meio de questionários sobre as três dimensões ESG, que são avaliadas de acordo com diversas abordagens metodológicas.
- Abordagens mistas, que combinam as duas metodologias acima mencionadas.

Os resultados da avaliação também são expressos de acordo com diferentes indicadores. Alguns dos provedores de avaliação ESG usam uma escala numérica geral (p. ex., 0-100), outros passam por escalas de classificação representadas por uma letra ou uma série de letras (p. ex., A, A +, AAA etc.) (ILLUMINEM, 2022).

Outro aspecto importante no elemento governança é a *Due Diligence*. De acordo com BLB Brasil (2022), *Due Diligence* é um processo que envolve o estudo, a análise e a avaliação detalhada de informações de uma determinada sociedade empresária. Esse estudo pode abarcar aspectos financeiros, contábeis, previdenciários, trabalhistas, imobiliários, tecnológicos e jurídicos da empresa. Na verdade, qualquer setor/departamento pode ser avaliado por meio de um processo de *Due Diligence*. Trata-se de um processo exigente de auditoria feito para investigar e diagnosticar a gestão financeira, contábil e fiscal, trabalhista, previdenciária, ambiental, jurídica, imobiliária, de propriedade intelectual e até mesmo tecnológica da empresa.

Essa rigorosa auditoria envolve etapas pré-organizadas e definidas por meio do trabalho de um consultor especializado neste tipo de estudo. No âmbito contábil, por exemplo, a *Due Diligence* abrange:

- Análise aprofundada de documentos e demonstrações contábeis e financeiras.
- Avaliação da situação financeira do negócio.
- Verificação da existência de possíveis riscos ou oportunidades para o negócio.
- Revisão da situação contábil.

- Análise dos passivos diante das obrigações presentes e futuras já assumidas.

Nesse contexto, e a partir dos vários assuntos e exemplos apresentados no presente capítulo, sugere-se o mapeamento de outros aspectos importantes relacionados ao elemento governança (Tabela 6.6).

Tabela 6.6 **Mapeamento G (Governança)**, considerando outros aspectos importantes em governança

Mapeamento G (Governança)	Descrever a situação	Nota (0 a 10)	Não se aplica? Por quê?
Como a transparência e a gestão estão alinhadas com as estratégias gerais da empresa?			
Qual o papel do conselho de administração no fortalecimento da Agenda ESG na empresa?			
Como a Agenda ESG se incorpora à estratégia geral da companhia?			
A empresa tem códigos de ética e de conduta relacionados à governança?			
Como é a relação da empresa com os códigos de *compliance*, atuação sem corrupção e processos de auditoria em governança?			
Quais os tipos de certificação de outras áreas (não ambiental e não social) ou de governança que a empresa tem?			
Como a empresa gerencia os possíveis riscos de outras áreas (não ambiental e não social) ou de governança relacionados à atividade da empresa?			
Como a empresa lida com as possíveis pressões de investidores em relação à sua conduta em governança corporativa?			

Quais são os *objetivos* e *metas* da empresa em relação à governança considerando os horizontes temporais de curto, médio e longo prazos?	
Quais os principais *pontos fortes* da empresa em relação ao elemento governança da Agenda ESG? (Matriz SWOT.)	
Quais os principais *pontos fracos* da empresa em relação ao elemento governança da Agenda ESG? (Matriz SWOT.)	
Quais as principais *oportunidades* da empresa em relação ao elemento governança da Agenda ESG? (Matriz SWOT.)	
Quais as principais *ameaças* da empresa em relação ao elemento governança da Agenda ESG? (Matriz SWOT.)	
Outros aspectos a serem considerados em relação à governança...	

Fonte: autor do livro.

Como nos outros elementos abordados, a empresa deve ser capaz de responder de forma correta e responsável às perguntas feitas na Tabela 6.6 e, se necessário, incluir outras que estejam mais voltadas à sua realidade. Responder às perguntas pode ajudar a empresa a pensar em ações que possam corrigir possíveis desvios em sua governança.

6.7 Por que o ESG é o presente e o futuro das empresas?

Mudanças climáticas, desigualdade, diversidade, uso de recursos naturais, relações trabalhistas, impactos no entorno, estratégia e retorno de longo prazo e muito mais. A agenda de temas ESG é extensa e repleta de questões fundamentais para a preservação e melhoria das condições de vida na Terra, além de viabilizar a própria subsistência das empresas no longo prazo. Mas o que fazer diante de tantos problemas de proporções gigantescas? Ao se deparar com questões de largo alcance e impacto, tem-se a sensação de que se pode fazer muito pouco para contribuir ou se proteger dos riscos que esses movimentos impõem. E, por fim, a dificuldade de definir por onde começar, em meio a tantos problemas com características diferentes entre si, mas com a semelhança de que são todos urgentes (EXAME, 2022n).

A boa notícia é que sempre há algo a ser feito. Inclusive por organizações de pequeno porte e até na vida das pessoas, desde que se saiba que as iniciativas podem ser proporcionais ao tamanho e tipo de impactos causados. Esse, aliás, é um primeiro passo fundamental: estratégias ESG que adicionam valor real à empresa e seus *stakeholders* precisam de foco e senso de direção. E é nesse ponto que se torna fundamental entender o conceito de materialidade e como ele deve ser aplicado. Segundo a GRI, principal organismo internacional na área de relatos de sustentabilidade, o conceito se refere aos "temas e indicadores que reflitam os impactos econômicos, ambientais e sociais significativos da organização ou possam influenciar de forma substancial as avaliações e decisões dos *stakeholders*". Em outras palavras, temas materiais são os assuntos que realmente importam para uma empresa e para quem se relaciona com ela (EXAME, 2022n).

Delimitar em quais temas a empresa deve atuar garante que os esforços sejam colocados onde é possível fazer alguma diferença, para a própria empresa e para os seus públicos de relacionamento. Na prática, significa não entrar em pautas que têm pouca relação com o negócio ou que não são relevantes para os *stakeholders*. Isso permite direcionar os esforços em ações que fazem mais sentido para a organização e seu entorno, o que tipicamente melhora o retorno desses investimentos (EXAME, 2022n).

Para chegar a uma lista consistente de temas materiais é fundamental incluir um processo de engajamento de *stakeholders*: ouvir os públicos estratégicos e entender quais temas são mais relevantes para eles, considerando os impactos da empresa e sua permanência no longo prazo. É um tanto trabalhoso, mas altamente recompensador pela quantidade de aprendizado que conseguimos obter, sem falar na melhoria de relacionamento que acontece naturalmente, ao demonstrar para clientes, parceiros, fornecedores, funcionários e outros grupos que a empresa está comprometida com um futuro melhor, que não quer fazer isso sozinha e que procura investir em temas nos quais pode fazer a diferença (EXAME, 2022n).

Para facilitar a análise das práticas ESG das empresas tem havido uma movimentação para a unificação das métricas de mensuração de tais atividades.

6.7.1 Unificação de métricas para facilitar a avaliação do mercado

Não existe ainda uma lista exata de critérios e indicadores quando se trata de ESG. Segundo Santander (2022), os fatores ESG precisam apenas ser classificados dentro dos aspectos *ambientais* (conservação do mundo natural), *sociais* (pessoas) ou de *governança* (padrões de administração).

Alguns dos fatores listados pelo banco são (SANTANDER, 2022):

a) Fatores ambientais: mudanças climáticas e emissões de carbono; poluição do ar e da água; biodiversidade; desmatamento; eficiência energética; e gestão de resíduos.

b) Fatores sociais: satisfação do cliente; proteção de dados e privacidade; gênero e diversidade; envolvimento dos funcionários; relações com a comunidade; direitos humanos; e normas trabalhistas.

c) Fatores de governança: composição do conselho; estrutura do comitê de auditoria; suborno e corrupção; remuneração executiva; lobby; e contribuições políticas.

No entanto, existem algumas movimentações no sentido de unificar índices, pois entende-se que isso confere mais transparência aos indicadores. Segundo MIT Sloan (2022), a International Financial Reporting Standards Foundation (IFRS®) e a Global Reporting Initiative (GRI®) anunciaram o início de um acordo de colaboração. Tecnicamente, os respectivos conselhos normativos, o International Sustainability

Standards Board (ISSB) e o Global Sustainability Standards Board (GSSB), receberam a incumbência de coordenar seus programas de trabalho e atividades para que sejam definidos padrões comuns, dentro das respectivas áreas de atuação – com a IFRS® trazendo seu foco no investidor do mercado de capitais e a GRI® olhando para as normas globais dos relatórios de sustentabilidade que envolvem várias partes interessadas.

A união entre essas duas instituições respeitadas pelo mercado responde e consolida a necessidade por mais transparência. A elevação no nível de padronização dos indicadores também os torna mais robustos, já que passam a ser alimentados por maior volume de dados. Com esse avanço será possível entender em maior profundidade os problemas, desafios e gargalos. A régua sobe no quesito confiabilidade. Os dados ganham relevância como fonte de informação para tomadas de decisão em diversas instâncias: empresariais, sociais e até na adoção de políticas públicas (MIT SLOAN, 2022).

Entre os principais méritos do esforço conjunto está a adoção, como norte, dos 17 objetivos de desenvolvimento sustentável (ODS). Dessa maneira, toda iniciativa que une as práticas ESG com resultados financeiros alinhados ao que o mercado valoriza traz mais clareza no momento de definir as prioridades e motivação para se perseguir, de forma consistente, os objetivos sustentáveis. A fusão, portanto, pode ser considerada um movimento fecundo para o desenvolvimento dos negócios integrados às temáticas ESG. A padronização representa um avanço no entendimento do mercado, pelas duas organizações. O diálogo entre a IFRS®

e a GRI® fortalece a gestão *multistakeholder*; confere ênfase aos indicadores e na unificação de padrões; traz ao mercado uma visão mais unificada e direcionadora dos esforços empreendidos pela empresa e como isso tem impactado a companhia dentro dos aspectos financeiros e fora deles (MIT SLOAN, 2022).

Quando a iniciativa der frutos – isto é, passar a divulgar os dados consolidados – entende-se que todas as companhias devem adotar as métricas unificadas, uma vez que a prática aponta para um caminho mais assertivo e alinhado aos valores regidos pelo mercado. Não significa que indicadores secundários e específicos da natureza e ambição da empresa não sejam criados e monitorados em paralelo. A análise deve abranger sempre a mais ampla visão possível, sem desprezar as particularidades que, em alguns casos, podem impactar na tomada de decisão. A integração de métricas pode ser comparada a uma autorreflexão. A padronização auxilia as empresas a se "olharem" no espelho e a traçarem planos de ação de estabelecimento de novas metas, e auxilia a se comparar e a "subir a barra" do setor. Uma vez que uma empresa do setor se destaca em boas práticas de sustentabilidade, ela passa a ser seguida pelas demais (MIT SLOAN, 2022).

De acordo com MIT Sloan (2022), entre os outros benefícios diretos da integração das métricas, podem ser listados:

- Aprendizado, com aumento na precisão dos dados.
- Construção de modelos de negócios mais competitivos.
- Impulsionamento às metas de mercado.
- Estabelecimento da governança consciente.

Além disso, não se pode esquecer que a unificação dos dados visa cumprir um objetivo muito maior, algo além dos muros das empresas. Os relatórios de sustentabilidade são usados principalmente pelas empresas para divulgar os impactos, no meio ambiente e nas pessoas, mas somente a partir da divulgação desses resultados será possível estabelecer políticas globais para o tratamento de problemas crônicos locais. A solução para esses desafios não é uma responsabilidade individual e é a oportunidade de as empresas contribuírem para que sejam alcançados os objetivos globais. Um dos grandes ganhos aos investidores é que será facilitado o acesso às informações sobre boas práticas realizadas pelas empresas. Dessa maneira, conseguirão caracterizar e acompanhar quais companhias usam melhor sua gestão em sustentabilidade para a criação de valor a longo prazo no mercado (MIT SLOAN, 2022).

A gestão de riscos, aliada ao uso inteligente de tecnologias, é uma ferramenta impulsionadora para verificar e monitorar informações da agenda ESG. Convém entender os dados como entidades vivas: neles reside uma série de significados que precisam ser correlacionados e vistos sob uma dinâmica sistêmica. Com relação aos riscos dos negócios "verdes", o mercado tem respostas diversas. Essa dinâmica se relaciona diretamente à consciência de seus líderes, aos valores que apoiam as suas decisões e à maturidade da empresa e da indústria em que está inserida. A meta é assegurar ao investidor uma análise completa, abrangente e detalhada, que levará sempre em consideração todos os fatores e informações relevantes (MIT SLOAN, 2022).

Uma das iniciativas para se deixar mais claro o uso do ESG pelas empresas está sendo feita pela ABNT®. Segundo

EKOA (2022), a ABNT® (Associação Brasileira de Normas Técnicas) está lançando a sua primeira norma sobre práticas ESG. A norma pretende orientar as empresas na elaboração de relatórios que apresentem informações sobre suas práticas em relação aos três pilares. A iniciativa é uma resposta à crescente demanda por transparência das empresas em relação às suas práticas ESG. Além disso, a norma também visa contribuir para o desenvolvimento de um mercado de capitais mais sustentável no Brasil.

A nova norma da ABNT® vai estabelecer diretrizes para a implementação de práticas ESG em empresas brasileiras. Essas práticas são consideradas essenciais para o desenvolvimento sustentável e o combate às mudanças climáticas. A norma vai orientar as empresas sobre como integrar os principais indicadores ESG em suas atividades, a fim de melhorar seu desempenho ambiental, social e de governança. A norma é voluntária, mas as empresas que a adotarem terão vantagens competitivas em relação às que não o fizerem. Além disso, as empresas que cumprirem a norma poderão se candidatar a um selo da ABNT®, o que será uma boa forma de demonstrar o comprometimento com as práticas ESG para investidores e outros *stakeholders* (EKOA, 2022).

A norma estabelece os princípios básicos para a elaboração de um diagnóstico das práticas ESG da empresa, assim como critérios para a implementação de melhorias. Também aborda temas como transparência, responsabilidade social, gestão ambiental e boa governança corporativa. Com a adoção da norma, as empresas terão que rever suas práticas atuais e buscar formas de melhorar seu desempenho ambiental, social e de governança. Isto poderá levar à redução do consumo de energia, menor geração de resíduos, maior transparência nas relações com os investidores etc. Além disso, as empresas terão que divulgar anualmente um relatório detalhado sobre suas práticas ESG para a ABNT® (EKOA, 2022).

Para Secovi (2022), a nova norma, fruto de um amplo trabalho liderado pela ABNT® na Organização Internacional de Normalização – ISO, alinha os principais conceitos e princípios na sigla ESG, em inglês para *environmental, social and governance*, e orienta os passos necessários para incorporá-los à organização. O documento apresenta os critérios mais relevantes, segmentados pelos eixos ambiental, social e de governança, apoiando a organização na identificação de seus temas materiais dentro da abordagem ESG. Estabelece ainda, modelo de avaliação e direcionamento, composto por escala de cinco níveis evolutivos, que permite à organização identificar seu estágio de maturidade em relação a um determinado critério ambiental, social ou de governança e estabelecer metas de evolução.

A norma é aplicável a todos os tipos de organização, compreendendo empresas privadas ou públicas, entidades governamentais e organizações sem fins lucrativos, independentemente do porte e área de atuação. "Os aspectos ESG estão cada vez mais sendo considerados por agências de *rating* e outros *stakeholders* e, consequentemente, afetando o potencial de ganho dos investidores", destaca o presidente da ABNT®. A Prática Recomendada foi elaborada pela Comissão de Estudo Especial de Environmental, Social and Governance (ESG) (ABNT/CEE-256) e estará disponível no ABNT Catálogo, logo após o lançamento (SECOVI, 2022).

6.7.2 Apesar da pandemia e das crises, as empresas continuam priorizando os relatórios ESG

O Fórum Econômico Mundial publicou em 2022 uma nova rodada de estudos de caso de empresas que aderiram às normas do Stakeholder Capitalism Metrics (Métricas de Capitalismo das Partes Interessadas, em português). O estudo revelou que os relatórios ESG estão impulsionando uma transformação corporativa nas empresas globais, principalmente em iniciativas de sustentabilidade e na cultura empresarial. As seis empresas analisadas – Ecopetrol®, Heineken®, JLL®, Philips®, Sabic® e Schneider Electric® – passaram a adotar comportamentos mais sustentáveis em suas agendas, como novas estratégias do controle de uso de água e metas de biodiversidade, segundo o Fórum (ESG INSIGHTS, 2022).

"Estamos felizes que o suporte continue a crescer para esse conjunto de métricas, mesmo diante dos desafios geopolíticos, da pandemia global persistente e das interrupções econômicas dos últimos dois anos", disse o chefe de engajamento do setor privado ESG do Fórum Econômico Mundial, em comunicado à imprensa. O estudo também aponta que, apesar dos avanços de critérios ESG nas corporações, elas precisam lidar com requisitos de relatórios que variam em diferentes países (ESG INSIGHTS, 2022).

O trabalho do Fórum Econômico Mundial analisou os relatórios das seis empresas e avaliou como e se eles indicaram mudanças corporativas, interna e externamente (ESG INSIGHTS, 2022):

- Ecopetrol®: os *stakeholders* informaram à Ecopetrol® que seu relatório era muito longo. As principais métricas do Fórum Econômico Mundial ajudaram a empresa a se concentrar em relatar os tópicos mais relevantes e que gerarão valor.

• Heineken®: as métricas vão além de ESG para capturar métricas comerciais sobre emprego, contribuição econômica, investimento e impostos. Isso fornece "um painel anual de dados comparáveis sobre sustentabilidade e prosperidade que nos fornecerá um instantâneo de quão saudável é nossa empresa".

• JLL®: a métrica central de consumo e captação de água em áreas com escassez de recursos naturais levou a empresa a incentivar suas equipes e clientes a criarem planos e metas de gestão de água, podendo até influenciar onde a empresa aluga escritórios no futuro.

• Philips®: a empresa apresentou relatórios precisos sobre os impactos ambientais e sociais de suas operações, segundo o Fórum. Por exemplo, a métrica de circularidade de recursos aponta os clientes para os produtos mais impactantes do mercado e impulsiona a agenda de inovação da empresa para projetar soluções mais sustentáveis.

• Sabic®: os relatórios feitos com as regras do Stakeholder Capitalism Metrics aumentaram o valor da transparência dentro da empresa, levando a conversas e progressos em questões difíceis.

• Schneider Electric®: a métrica sobre uso da terra e sensibilidade ecológica contribuiu para uma nova abordagem da Schneider Electric® à biodiversidade. A multinacional adaptou seus relatórios e pediu a todas as áreas que estabelecessem planos de ação específicos para a biodiversidade.

Segundo o Fórum Econômico Mundial, é fundamental que os requisitos de relatórios da União Europeia, da Comissão de Valores Mobiliários dos Estados Unidos e da International Financial Reporting Standards (IFRS®) estejam alinhados para garantir a eficiência dos relatórios ESG das empresas em todos os países. Outra observação do estudo é que conforme os relatórios ESG se tornem obrigatórios, os reguladores e os advogados internos devem garantir que as corporações sejam transparentes diante dos assuntos de sustentabilidade e de outros critérios ESG (ESG INSIGHTS, 2022).

Para auxiliar as organizações com pouca experiência na Agenda ESG existem as consultorias especializadas no assunto. A Appana® é uma delas e adota sete etapas para identificação e formulação de práticas ESG nas empresas (APPANA, 2022):

1) Engajamento e formação de lideranças: sensibilização das lideranças e construção conjunta das estratégias ESG da organização.

2) Diagnóstico: observação e análise das práticas atuais da empresa, sinalizando o grau de maturidade e atuação em relação a essa agenda.

3) Análise de ODSs: levantamento de metas compatíveis com a finalidade do negócio no contexto atual e análise dos impactos da visão dos ODSs na cultura organizacional.

4) Planto estratégico de sustentabilidade: integrar as estratégias da organização às diretrizes ESG.

5) Selos e certificações: mapeamento dos órgãos reguladores e certificações estratégicas para a organização.

6) Implementação e desenvolvimento: integração da pauta ESG na cultura organizacional, implementando uma visão sistêmica e regenerativa por meio da revisão de processos e resultados.

7) Relatório de sustentabilidade: consultores com certificação GRI produzem o relatório de sustentabilidade contendo práticas, indicadores e métricas das práticas sustentáveis e os impactos positivos da organização.

6.7.3 ESG = lucro + consciência

No atual momento de maturidade das empresas, muitas já têm a materialidade conhecida e internalizada como um ponto básico para a tomada de decisão. A profusão de companhias que buscam divulgar seus relatórios de sustentabilidade atesta essa maturidade. A transversalidade do ESG nas áreas de operação já é adotada por muitas organizações. Porém, há ainda aquelas que ainda não integram os temas ESG aos negócios. Essas precisam dar os primeiros passos. Em um país como o Brasil, de forma geral, ainda alcança níveis relativamente baixos de maturidade em quase todos os fóruns privados e públicos. Ainda se vive uma fase de educação até poder chegar aos níveis desejáveis de mitigação total dos temas ESG. Um alerta é que há, ainda, muitas empresas totalmente apartadas destas questões (MIT SLOAN, 2022).

Assim, faz parte dessa jornada o desenvolvimento de padrões de relatos de sustentabilidade. É fundamental nesse esforço que exista o engajamento da liderança, cujo papel passa por definir políticas e programas que garantam o cumprimento das regras, sempre com amparo da ética e da transparência. Esses valores constituem a base da cultura sustentável (MIT SLOAN, 2022).

Diante da constatação de que sempre existirão riscos na gestão de empresas, em investimento, seja em razão da conjuntura, de fatores alheios aos negócios e até imponderáveis, é preciso se manter alerta à necessidade de mitigação de riscos. Ao lidar com os negócios da "economia verde", é aconselhável que gestores procurem informações profundas como base da tomada de decisões. Toda gestão tem seus riscos. É importante saber identificá-los, geri-los e mitigá-los, afinal, as empresas não podem colocar o negócio em risco para obter benefícios em sustentabilidade. O que se acredita é que a partir do conhecimento dos riscos surgem muitas oportunidades na jornada ESG. E não tratar essas oportunidades da forma correta é que seria o verdadeiro risco para a companhia (MIT SLOAN, 2022).

Na óptica da gestão empresarial, uma boa estratégia ESG é sinônimo de gestão de riscos e oportunidades com visão de longo prazo. Por isso, é necessário realizar uma avaliação completa sobre tendências ambientais, sociais e econômicas, sobre expectativas e demandas de *stakeholders* e sobre impactos do e no negócio. Estratégias ESG que adicionam valor real à empresa e seus *stakeholders* precisam de foco e senso de direção, expressos em uma boa avaliação de materialidade (EXAME, 2022o).

Existe uma crença, um modelo de gestão secular, arraigado e resistente à mudança: a crença de que a empresa terá menos lucro com a implementação ESG. Boa parte disto pode ser falta de informação, conhecimento ou experiência.

Vale investir na busca desse conhecimento. ESG é resultado da *equação lucro+consciência* (MIT SLOAN, 2022).

Alavancar a agenda ESG, portanto, dependeria de uma profunda mudança de mentalidade, que levaria o mercado brasileiro a outro patamar, de maior respeito internacional. Não apenas em termos de atração de investimentos, mas também para que passemos a ser considerados em parcerias relevantes. Outra importante mudança em termos de comportamento do investidor a ser implementada seria passar a olhar os resultados de uma companhia no longo prazo, procedimento ainda raro no mercado. O que se precisa ter em mente é que os investimentos ESG devem percorrer a lógica de negócios sustentáveis e como tal devem estar atrelados a retornos positivos a longo prazo (MIT SLOAN, 2022).

Por fim, é importante lembrar das principais recomendações: estabelecer uma lista prioritária de temas relevantes para a organização e seus *stakeholders* (alinhada à materialidade); engajar a liderança em todo o processo; estabelecer metas relevantes, assertivas, factíveis e tempestivas; entender que metas ESG são geralmente transversais e dependem de várias áreas da empresa; definir uma porcentagem da remuneração variável vinculada ao atingimento dessas metas (EXAME, 2022o).

São propostas desafiadoras, mas necessárias para a perenidade dos negócios. E abraçar a Agenda ESG pode ser a tábua salvadora para muitas empresas.

Exercícios

1) Na sua opinião, como a governança pode auxiliar na efetiva concretização das práticas ambientais e sociais numa organização?

2) Considere o seguinte texto do capítulo: "Para fazer o levantamento, a consultoria busca dados quantitativos e qualitativos que estejam disponíveis ao público geral e sejam validados por diversas metodologias internacionais, como indicadores-chave para medir a evolução das empresas". Quais aspectos ambientais, sociais e de governança você acredita que deveriam fazer parte de indicadores para medir a evolução das empresas na Agenda ESG?

3) Dos quatro princípios de boas práticas em governança corporativa do IBGC (transparência; equidade; prestação de contas (*accountability*); e responsabilidade corporativa), qual você acredita ser o mais fácil de ser atingido? E qual o mais difícil? Justifique suas respostas.

4) Qual a relação entre *compliance* e questões sociais e ambientais? Justifique sua resposta.

5) Considere o seguinte texto do capítulo: "[a governança] garante uma supervisão adequada destinada a garantir a criação de valor sustentável e de longo prazo com a devida consideração por todas as partes interessadas (BRADLEY, 2021)". Quais os principais desafios para a criação de valor sustentável em uma empresa que busca se adequar à Agenda ESG? E os principais benefícios?

6) Considerando o mapeamento E (Ambiental) feito na Tabela 6.2, quais os outros aspectos importantes em *meio ambiente* que não foram listados na tabela e que você incluiria? Quais as justificativas para a sua inclusão?

7) Considerando o mapeamento S (Social) feito na Tabela 6.4, quais os outros aspectos importantes em *social* que não

foram listados na tabela e que você incluiria? Quais as justificativas para a sua inclusão?

8) Considerando o mapeamento G (Governança) feito na Tabela 6.6, quais os outros aspectos importantes em *governança* que não foram listados na tabela e que você incluiria? Quais as justificativas para a sua inclusão?

Referências

ABNT – ASSOCIAÇÃO BRASILEIRA DE NORMAS TÉCNICAS. Sobre a certificação. Associação Brasileira de Normas Técnicas. [S.l.], [2012]. Disponível em: https://www.abnt.org.br/certificacao/sobre. Acesso em: 27 nov. 2022.

ABRAMOVAY, R. **Muito além da economia verde**. São Paulo: Planeta Sustentável, 2012.

ALME. Sustentabilidade. Disponível em: https://www.somosalme.com.br/sustentabilidade. Acesso em: 30 nov. 2022.

ALMEIDA, F. **O bom negócio da sustentabilidade**. Rio de Janeiro: Nova Fronteira, 2002. 191 p.

ALMEIDA, F. **Os desafios da sustentabilidade**: uma ruptura urgente. Rio de Janeiro: Elsevier Campus, 2007. 280 p.

ALMICI, A. Corporate governance, sustainable development and value creation: some evidences from Italian listed companies. **Chinese Business Review**, Washington, v. 11, n. 3, p. 322-333, 2012.

ALVES, R.R. *Marketing,* **estratégia competitiva e viabilidade econômica para produtos com certificação de cadeia de custódia na indústria moveleira**. 2010. 352 f. Tese (Doutorado em Ciência Florestal). Viçosa: Universidade Federal de Viçosa, 2010.

ALVES, R.R. **Administração verde**: o caminho sem volta da sustentabilidade ambiental nas organizações. Rio de Janeiro: Elsevier, 2016. 296 p.

ALVES, R.R. *Marketing* **ambiental**: sustentabilidade empresarial e mercado verde. Barueri: Manole, 2017, 257 p.

ALVES, R.R. **Sustentabilidade empresarial e mercado verde**: a transformação do mundo em que vivemos. Petrópolis: Vozes, 2019. 202 p.

ALVES, R.R. **Consumo responsável e sustentabilidade**: Pessoas, empresas, governos e organizações do terceiro setor. Viçosa: UFV, 2021. 263 p.

ALVES, R.R. **Consumo consciente**: Por que isso nos diz respeito? 2. ed. Curitiba: Appris, 2022. 248 p.

ALVES, R.R.; JACOVINE, L.A.G. **Certificação florestal na indústria**: aplicação prática da certificação de cadeia de custódia. Barueri: Manole, 2015. 130 p.

ALVES, R.R.; JACOVINE, L.A.G.; NARDELLI, A.M.B. **Empresas verdes**: estratégia e vantagem competitiva. Viçosa: UFV, 2011a. 194 p.

ALVES, R.R.; JACOVINE, L.A.G.; NARDELLI, A.M.B.; SILVA, M.L. **Consumo verde**: comportamento do consumidor responsável. Viçosa: UFV, 2011b. 134 p.

ALVES, R.R.; JACOVINE, L.A.G.; NARDELLI, A.M.B.; BASSO, V.M.; SILVA, F.L. **Certificação florestal**: da floresta ao consumidor final. Viçosa: UFV, 2022. 226 p.

AMANHÃ. Brasil já tem hastes flexíveis de plástico biodegradável. Disponível em: https://amanha.com.br/categoria/negocios-do-sul1/brasil-ja-tem-hastes-flexiveis-de-plastico-biodegradavel. Acesso em: 09 dez. 2022.

ANA – AGÊNCIA NACIONAL DE ÁGUAS E SANEAMENTO BÁSICO. Entenda a Rio +10. Disponível em: https://www.ana.gov.br/acoesadministrativas/relatoriogestao/rio10/riomaisdez/index.php.35.html. Acesso em: 21 nov. 2022.

APPANA. Consultoria ESG. Disponível em: https://www.appana.com.br/consultoria-esg/?gclid=EAIaIQobChMI-nuuhu-He-wIVwBTUAR1r3A_jEAAYAiAAEgLac_D_BwE. Acesso em: 03 dez. 2022.

ARAS, G.; CROWTHER, D.A. Governance and sustainability: an investigation into the relationship between corporate governance and corporate sustainability. **Management Decision**, Bingley, v. 46, n. 3, p. 433-448, 2008.

BACKER, P. **Gestão ambiental**: a administração verde. Rio de Janeiro: Qualitymark, 2002. 248 p.

BARBIERI, J.C. **Gestão ambiental empresarial**: conceitos, modelos e instrumentos. 4. ed. São Paulo: Saraiva, 2016. 316 p.

BAYEH, E. The role of empowering women and achieving gender equality to the sustainable development of Ethiopia. **Pacific Science Review B: Humanities and Social Sciences**, Amsterdã, v. 2, n. 1, p. 37-42, jan. 2016.

BLB BRASIL. O que é Due Diligence? Entenda o conceito e sua aplicação em empresas. Disponível em: https://www.blb-brasil.com.br/blog/due-diligence/. Acesso em: 03 dez. 2022.

BNDES – BANCO NACIONAL DE DESENVOLVIMENTO ECONÔMICO E SOCIAL. BNDES anuncia edital de R$ 100 milhões para compra de créditos de carbono. Disponível em: https://www.bndes.gov.br/wps/portal/site/home/imprensa/noticias/conteudo/bndes-anuncia-edital-de-100-milhoes--para-compra-de-creditos-de-carbono#modalCompartilhar. Acesso em: 28 nov. 2022a.

BNDES – BANCO NACIONAL DE DESENVOLVIMENTO ECONÔMICO E SOCIAL. Pela primeira vez, BNDES aprova financiamento condicionado à realização de inventário de gases de efeito estufa. Disponível em: https://www.bndes.gov.br/wps/portal/site/home/imprensa/noticias/conteudo/pela-primeira-vez-bndes-aprova-financiamento--condicionado-a-realizacao-de-inventario-de-gases-de-efeito-estufa/!ut/p/z1/1VTNcpswGHyWHDjKUhD4pzcmwXZrXE_buLa5eD6QALUgESFDmqePTHxoO7UznU-w6Uy4gZne_nZVWOMZbHEtoRQ5GKAmlXe_i4T6aL-MK5tyIR8e88EtzSkbcehWQxdvGmB5AzT0BwfJ7vT-Qn-imMcp9LUpsC7RDLe7IVsjDCHtHfgkEJV3CGiqj-WXDThEKiNSAY1DUiUNPzDlkJqXgGotKi4oJY_ol4K-Qa1VCygTEqTlVFwahSyNiV6dKQRIcyjFI6SgEONIyNa-CQIt-lUNjVewHz7iwVN6YQwZHy3UqGN6xa0gyzgGln-FHk-V6GJj6liGUJG7qJD8OUnyK6kGF8OcHNcd7PCr-PbyCVB5E_J9NPHWRi4vwNW72lIgvlN5Hvh4no2oSfAh-SE7a3J03iTFm1bwDq-l0pU9F1_-MoP5SxNW7isnvCDv-v6386E3lPe-V8h8u1fB4BG3Pxbf7-ziwZTy26sHg7f_SRuv-d1cubZW4jAVNYUqbw9h-bsAnnpUqer8xAJnRs7WiL0VwPDtr-Loypm3cOcUjXdYNcqbzkg1RVDvkTpVCN3YJfk-biu1tWY_kDfP4-7u6zIq_0ypP7pVbZRtjT-Lri6egLknGUq/dz/d5/L2dBISEvZ0FBIS9nQSEh/. Acesso em: 28 nov. 2022b.

BOSTON CONSULTING GROUP. Pulse of Fashon Industry. 2019. Disponível em: https://web-assets.bcg.com/img-src/Pulse-of-the-Fashion-Industry2019_tcm9-237791.pdf. Acesso em: 30 nov. 2022.

BRADLEY, B. **ESG Investing for dummies**. Nova Jersey: John Wiley & Sons, 2021. 346 p.

BRASIL. Novo certificado de crédito vai incentivar a reciclagem no país. Disponível em: https://www.gov.br/economia/pt-br/acesso-a-informacao/acoes-e-programas/principais-acoes-na-area-economica/acoes-2022/novo-certificado-de-credito-vai-incentivar-a-reciclagem-no-pais. Acesso em: 01 dez. 2022.

BRAUNGART, M.; McDONOUGH, W. **Cradle to cradle**: criar e reciclar ilimitadamente. São Paulo: G. Gili, 2013. 192 p.

CÂMARA DOS DEPUTADOS. O serviço ambiental dos catadores de recicláveis. Disponível em: https://www.camara.leg.br/radio/programas/904765-o-servico-ambiental-dos-catadores-de-reciclaveis/. Acesso em: 27 nov. 2022.

CANALTECH. Prefeitura define que São Paulo terá novas frotas apenas com ônibus elétricos. Disponível em: https://canaltech.com.br/veiculos/prefeitura-define-que-sao-paulo-tera-frotas-novas-apenas-com-onibus-eletricos-227886/. Acesso em: 28 nov. 2022.

CASA DA SUSTENTABILIDADE. Tetra Pak entrega 200 bilhões de embalagens com selo FSC. Disponível em: https://casadasustentabilidade.wordpress.com/2016/05/05/tetra-pak-entrega-200-bilhoes-de-embalagens-com-selo-fsc/. Acesso em: 01 dez. 2022.

CERTIFIED B CORPORATION. About B Corps? [S. l.], 2021. Disponível em: https://bcorporation.net/about-b-corps. Acesso em: 22 nov. 2022.

CHIAVENATO, I. **Recursos humanos**: o capital humano das organizações. 9. ed. Rio de Janeiro: Elsevier, 2009. 506 p.

CICLO VIVO. Empresa canadense é a 1ª do mundo a produzir cápsulas biodegradáveis para café. Disponível em: http://ciclovivo.com.br/noticia/empresa-canadense-e-a-1a-do-mundo-a-produzir-capsulas-biodegradaveis-para-cafe/. Acesso em: 27 nov. 2022a.

CICLO VIVO. Novos ônibus elétricos começam a ser testados em Curitiba. Disponível em: https://ciclovivo.com.br/arq-urb/mobilidade/novos-onibus-eletricos-comecam-a-ser-testados-em-curitiba/. Acesso em: 28 nov. 2022b.

CICLO VIVO. Montadora anuncia 100 pontos de recarga para elétricos em SP. Disponível em: https://ciclovivo.com.br/arq-urb/mobilidade/montadora-anuncia-100-pontos-de-recarga-para-eletricos-em-sp/. Acesso em: 28 nov. 2022c.

CICLO VIVO. Ipanema lança coleção feita com material reciclado e casca de arroz. Disponível em: https://ciclovivo.com.br/inovacao/negocios/ipanema-lanca-colecao-feita-com-material-reciclado-e-casca-de-arroz/. Acesso em: 30 nov. 2022d.

CIDADE MARKETING. Subway apresenta campanha sobre conscientização e redução do uso de plástico. Disponível em: https://www.cidademarketing.com.br/marketing/2019/06/12/subway-apresenta-campanha-sobre-conscientizacao-e-reducao-do-uso-de-plastico/. Acesso em: 09 dez. 2022.

CLEANTECHS. Cleantechs: o que são, o que fazem e qual a importância. Disponível em: https://cleantechs.com.br/cleantechs-o-que-sao/. Acesso em: 02 dez. 2022.

CNM – CONFERÊNCIA NACIONAL DE MUNICÍPIOS. Agenda 2030 para o desenvolvimento sustentável. Disponível em: http://www.ods.cnm.org.br/agenda-2030. Acesso em: 25 nov. 2022.

CORPORATE FINANCE INSTITUTE. What is ESG (Environmental, Social, and Governance)? Disponível em: https://corporatefinanceinstitute.com/resources/esg/esg-environmental-social-governance/. Acesso em: 25 out. 2022.

CHRISTOPHER, M.; PAYNE, A. Integração entre gerenciamento do relacionamento e gerenciamento da cadeia de suprimento. In: BAKER, M.J. (org.). **Administração de *marketing***. Rio de Janeiro: Elsevier, 2005. p. 344-357.

DELLA MEA, G. Sistema B, las mejores empresas para el mundo. **Innodriven**, [2013]. Disponível em: http://innodriven.com/sistema-b-las-mejores-empresas-para-el-mundo/. Acesso em: 22 nov. 2022.

DENEULIN, S.; SHAHANI, L. **An introduction to the human development and capability approach**: freedom and agency. Sterling, 2009. 354 p.

DEXCO. Duratex lidera *ranking* de transparência dos compromissos ESG do setor florestal. Disponível em: https://www.dex.co/pt/noticias/duratex-lidera-ranking-de-transparencia-dos-compromissos-esg-do-setor-florestal. Acesso em: 02 dez. 2022.

DIÁRIO DO TRANSPORTE. Fabricantes de ônibus elétricos dizem que podem atender demanda gerada por proibição de novos coletivos a diesel na capital paulista. Disponível em: https://diariodotransporte.com.br/2022/10/25/fabricantes-de-onibus-eletricos-dizem-que-podem-atender-demanda-gerada-por-proibicao-de-novos-coletivos-a-diesel-na-capital-paulista/. Acesso em: 28 nov. 2022.

DIÁRIO DO VERDE. Restaurantes Subway substituem embalagens e sacolas plásticas por papel da Guardanapos Leal. Disponível em: http://diariodoverde.com/restaurantes-subway-substituem-embalagens-e-sacolas-plasticas-por-papel-da-guardanapos-leal/. Acesso em: 09 dez. 2022.

DIAS, R. **Gestão ambiental**: Responsabilidade social e sustentabilidade. 2. ed. São Paulo: Atlas, 2011. 232 p.

DIAS, R. Marketing **ambiental**: ética, responsabilidade social e competitividade nos negócios. São Paulo: Atlas, 2014. 232 p.

DICKSON, P.R. Ambiente de *marketing* e responsabilidade social. In: CZINKOTA, M.R.; DICKSON, P.R.; DUNNE, P. et al. Marketing: as melhores práticas. Porto Alegre: Bookman, 2001. p. 42-71.

DONAIRE, D.; OLIVEIRA, E.C. **Gestão ambiental na empresa**: fundamentos e aplicações. 3. ed. São Paulo: Atlas, 2018. 240 p.

DW – DEUTSCHE WELLE. Aquecimento global agravou enchentes na Alemanha, diz estudo. Disponível em: https://www.dw.com/pt-br/aquecimento-global-agravou-enchentes-na-alemanha-diz-estudo/a-58962718. Acesso em: 16 nov. 2022.

ECYCLE. Entenda o que é ESG e qual sua importância. Disponível em: https://www.ecycle.com.br/esg/. Acesso em: 26 nov. 2022.

EKOA. A ABNT vai lançar a primeira norma sobre práticas ESG. Disponível em: https://www.ekoaeducacao.com.br/blog/a-abnt-vai-lancar-a-primeira-norma-sobre-praticas-esg. Acesso em: 09 dez. 2022.

EL MUNDO. Zaragoza, la locomotora española en sostenibilidad, innovación y atracción de empresas. Disponível em: https://www.elmundo.es/economia/actualidad-economica/2022/11/05/6356bdc9fc6c839d1f8b457f.html. Acesso em: 30 nov. 2022.

ÉPOCA NEGÓCIOS. Coca-Cola testa garrafas de papel. Disponível em: https://epocanegocios.globo.com/Sustentabilidade/noticia/2021/03/coca-cola-testa-garrafas-de-papel.html. Acesso em: 27 nov. 2022a.

ÉPOCA NEGÓCIOS. A história da criação da Ambev, a maior cervejaria do mundo. Disponível em: https://epocanegocios.globo.com/Empresa/noticia/2019/06/livro-conta-historia-da-ambev-responsavel-por-mudar-historia-dos-negocios-do-brasil-e-do-mundo.html. Acesso em: 30 nov. 2022b.

ESG INSIGHTS. Relatórios ESG incentivam mudanças em empresas, diz estudo. Disponível em: https://esginsights.com.br/compromissos-com-relatorios-esg-incentivam-mudancas-nas-corporacoes-diz-estudo/. Acesso em: 03 dez. 2022.

ESTADÃO. O custo por trás da indústria da moda é maior do que você pensa. Disponível em: https://einvestidor.estadao.com.br/colunas/fernanda-camargo/impacto-ambiental-industria-moda. Acesso em: 30 nov. 2022.

EXAME. De onde surgiu o ESG? Disponível em: https://exame.com/esg/de-onde-surgiu-o-esg/. Acesso em: 26 nov. 2022a.

EXAME. Mirando em mobilidade sustentável, Uber leva carros elétricos a 22,5 milhões de usuários. Disponível em: https://exame.com/tecnologia/com-foco-em-mobilidade-sustentavel-uber-leva-carros-eletricos-a-225-milhoes-de-usuarios/. Acesso em: 30 nov. 2022b.

EXAME. Em parceria com *startup* finlandesa, Suzano entra para o mercado de moda sustentável. Disponível em: https://exame.com/esg/em-parceria-com-startup-finlandesa-suzano-entra-para-o-mercado-da-moda-sustentavel/. Acesso em: 28 nov. 2022c.

EXAME. Quais são as iniciativas das companhias aéreas para reduzir a emissão de carbono no Brasil? Disponível em: https://exame.com/negocios/iniciativas-companhias-aereas-reduzir-emissao-carbono-brasil/. Acesso em: 28 nov. 2022d.

EXAME. BNDES terá contabilidade de carbono em todos os empréstimos no próximo ano. Disponível em: https://exame.com/esg/bndes-tera-contabilidade-de-carbono-em-todos-os-emprestimos-no-proximo-ano/. Acesso em: 30 nov. 2022e.

EXAME. Dona do Posto Ipiranga quer fomentar empreendedorismo feminino no Nordeste e Norte. Disponível em: https://exame.com/negocios/dona-do-posto-ipiranga-quer-fomentar-emprendedorismo-feminino-no-nordeste-e-norte/. Acesso em: 30 nov. 2022f.

EXAME. Elas nos setores deles: empreendedoras superam barreiras e fazem sucesso em mercados masculinos. Disponível em: https://exame.com/negocios/empreendedoras-superam-barreiras-fazem-sucesso-mercados-masculinos/. Acesso em: 30 nov. 2022g.

EXAME. Natura anuncia compromisso antirracista e iniciativas como *trainee* para pessoas negras. Disponível em: https://exame.com/esg/natura-anuncia-compromisso-antirracista-e-iniciativas-como-trainee-para-pessoas-negras/. Acesso em: 30 nov. 2022h.

EXAME. Ambev abre as portas da empresa e oferece 200 bolsas para cursos e mentorias para pessoas negras. Disponível em: https://exame.com/carreira/ambev-abre-as-portas-da-empresa-e-oferece-200-bolsas-para-cursos-e-mentorias-para-pessoas-negras/. Acesso em: 30 nov. 2022i.

EXAME. Vivo abre 400 vagas de estágio e 50% delas são exclusivas para negros; saiba como se inscrever. Disponível em: https://exame.com/carreira/vivo-abre-400-vagas-de-estagio-e-50-delas-sao-exclusivas-para-talentos-negros-se-inscreva/. Acesso em: 30 nov. 2022j.

EXAME. Em parceria com a TIM, aplicativo oferece 80 mil vagas afirmativas para mulheres. Disponível em: https://exame.com/esg/em-parceria-com-a-tim-aplicativo-oferece-80-mil-vagas-afirmativas-mulheres/. Acesso em: 30 nov. 2022k.

EXAME. Como funcionam os créditos de reciclagem que toda empresa vai precisar. Disponível em: https://exame.com/esg/como-funcionam-creditos-reciclagem/. Acesso em: 01 dez. 2022l.

EXAME. *Startup* usa *blockchain* para compensar o descarte de mais de 2,7 bilhões de embalagens plásticas. Disponível em: https://exame.com/future-of-money/startup-usa-blockchain-para-compensar-o-descarte-de-mais-de-27-bilhoes-de-embalagens-plasticas/. Acesso em: 02 dez. 2022m.

EXAME. ESG: o valor de saber fazer o que realmente importa. Disponível em: https://exame.com/bussola/esg-o-valor-de-saber-fazer-o-que-realmente-importa/. Acesso em: 03 dez. 2022n.

EXAME. Como escolher os indicadores ESG de sua empresa? Disponível em: https://exame.com/bussola/como-escolher-os-indicadores-esg-de-sua-empresa/. Acesso em: 03 dez. 2022o.

FOLHA DE S. PAULO. Montanha-russa do clima afeta agricultor gaúcho na pandemia. Disponível em: https://www1.folha.uol.com.br/mercado/2022/07/montanha-russa-do-clima-afeta-agricultor-gaucho-na-pandemia.shtml#:~:text=A%20seca%20que%20castigou%20o,costuma%20provocar%20estiagem%20no%20Sul. Acesso em: 16 nov. 2022a.

FOLHA DE S. PAULO. Nestlé lança no Brasil cafeteira que usa cápsulas compostáveis feitas em papel. Disponível em: https://www1.folha.uol.com.br/mercado/2022/11/nestle-lanca-no-brasil-cafeteira-que-usa-capsulas-compostaveis-feitas-em-papel.shtml. Acesso em: 28 nov. 2022b.

FOLLOW THE COLOURS. Empresa lança cápsulas de café biodegradáveis, alternativa consciente que se decompõe na natureza em até 84 dias. Disponível em: https://followthecolours.com.br/capsulas-cafe-biodegradaveis/. Acesso em: 28 nov. 2022.

FORBES. Cogna lança programa de *trainee* exclusivo para negras. Disponível em: https://forbes.com.br/forbesesg/2022/10/cogna-lanca-programa-de-trainee-exclusivo-para-negras/. Acesso em: 30 nov. 2022a.

FORBES. Making climate change fashionable – the garment industry takes on global warming. Disponível em: https://www.forbes.com/sites/jamesconca/2015/12/03/making-climate-change-fashionable-the-garment-industry-takes-on-global-warming/?sh=2aeed6f79e41. Acesso em: 30 nov. 2022b.

FSC – FOREST STEWARDSHIP COUNCIL. Descubra Sézane, a primeira marca de vestuário com certificação FSC. Disponível em: https://br.fsc.org/br-pt/newsfeed/descubra-sezane-a-primeira-marca-de-vestuario-com-certificacao-fscr. Acesso em: 30 nov. 2022a.

FSC – FOREST STEWARDSHIP COUNCIL. O primeiro pneu com certificação FSC do mundo se torna uma realidade graças à Pirelli e ao Grupo BMW. Disponível em: https://br.fsc.org/br-pt/newsfeed/o-primeiro-pneu-com-certificacao-fscr-do-mundo-se-torna-uma-realidade-gracas-a-pirelli-e. Acesso em: 01 dez. 2022b.

FSC – FOREST STEWARDSHIP COUNCIL. Madeira certificada da Amazônia gera renda para ribeirinhos do Tapajós. Disponível em: https://br.fsc.org/br-pt/newsfeed/madeira-certificada-da-amazonia-gera-renda-para-ribeirinhos-do-tapajos. Acesso em: 02 dez. 2022c.

FSC – FOREST STEWARDSHIP COUNCIL. Fortalecimento da certificação FSC para manejo florestal comunitário começará pelo Brasil. Disponível em: https://br.fsc.org/br-pt/newsfeed/fortalecimento-da-certificacao-fscr-para-manejo-florestal-comunitario-comecara-pelo-brasil. Acesso em: 02 dez. 2022d.

FSC – FOREST STEWARDSHIP COUNCIL. Letras para transformar o mundo. O que ESG, ODS e FSC têm em comum? Disponível em: https://br.fsc.org/br-pt/newsfeed/letras-para-transformar-o-mundo. Acesso em: 02 dez. 2022e.

FUNDO BRASIL. Significado da sigla LGBTQIA+. Disponível em: https://www.fundobrasil.org.br/blog/o-que-significa-a-sigla-lgbtqia/. Acesso em: 30 nov. 2022.

FUNTRAB. Funtrab está com 1.624 vagas para indígenas interessados em trabalhar nas lavouras de maçãs em SC e RS. Disponível em: https://www.funtrab.ms.gov.br/funtrab-esta-com-1-624-vagas-para-indigenas-interessados-em-trabalhar-nas-lavouras-de-macas-em-sc-e-rs/. Acesso em: 30 nov. 2022.

G1 – GLOBO.COM. Lei no RJ ajudou a tirar de circulação 4 bilhões de sacolas plásticas. Disponível em: https://g1.globo.com/rj/rio-de-janeiro/noticia/2021/11/27/lei-no-rj-ajudou-a-tirar-de-circulacao-4-bilhoes-de-sacolas-plasticas.ghtml. Acesso em: 04 dez. 2022a.

G1 – GLOBO.COM. Suzano, Vale, Marfrig, Itaú, Santander e Rabobank criam empresa de preservação florestal. Disponível em: https://g1.globo.com/meio-ambiente/noticia/2022/11/12/suzano-vale-marfrig-itau-santander-e-rabobank-criam-empresa-de-preservacao-florestal.ghtml. Acesso em: 02 dez. 2022b.

G1 – GLOBO.COM. UE fecha acordo sobre lei que impede importação de bens ligados a desmatamento. Disponível em: https://g1.globo.com/meio-ambiente/noticia/2022/12/06/ue-fecha-acordo-sobre-lei-que-impede-importacao-de-bens-ligados-a-desmatamento.ghtml. Acesso em: 09 dez. 2022c.

GBC BRASIL – GREEN BUILDING COUNCIL. Valor econômico: um raio X das cias abertas. Disponível em: https://www.gbcbrasil.org.br/midia/valor-economico-um-raio-x-das-cias-abertas/. Acesso em: 02 dez. 2022.

GERDAU. Banco de talentos LGBTQIA+. Disponível em: https://jobs.gerdau.com/job/Todas-as-Cidades-Banco-de-Talentos-LGBTI%2B-Toda/617358719/. Acesso em: 30 nov. 2022.

GUPTA, K.; YESUDIAN, P.P. Evidence of women's empowerment in India: a study of socio-spatial disparities. **GeoJournal**, Berlim, v. 65, p. 365-380, mai. 2006.

HAIGH, N.; HOFFMAN, A.J. Hybrid organizations. The next chapter of sustainable business. **Organizational Dynamics**, [s. l.], v. 41, n. 2, p. 126-134, 2012.

HARMAN, W.; HORMANN, J. **O trabalho criativo**: o papel construtivo dos negócios numa sociedade em transformação. 15. ed. São Paulo: Cultrix, 1998. 233 p.

HARVARD LAW SCHOOL. The age of ESG. Disponível em: https://corpgov.law.harvard.edu/2020/03/09/the-age-of-esg/. Acesso em: 26 nov. 2022.

IBGC – INSTITUTO BRASILEIRO DE GOVERNANÇA CORPORATIVA. O IBGC. Disponível em: https://www.ibgc.org.br/quemsomos. Acesso em: 03 dez. 2022a.

IBGC – INSTITUTO BRASILEIRO DE GOVERNANÇA CORPORATIVA. Conheça os quatro princípios da governança corporativa. Disponível em: https://www.ibgc.org.br/blog/principios-de-governanca-corporativa. Acesso em: 03 dez. 2022b.

IDEIA NO AR. O que significa *marketplace*? Disponível em: https://www.ideianoar.com.br/marketplace/. Acesso em: 02 dez. 2022.

ILLUMINEM. ESG rating: what's the future? Disponível em: https://illuminem.com/illuminemvoices/adf0cc26-d20a-43a8-bcb0-5ea736356818. Acesso em: 25 out. 2022.

INFOMONEY. O que é *blockchain*? Conheça a tecnologia que torna as transações com criptos possíveis. Disponível em: https://www.infomoney.com.br/guias/blockchain/. Acesso em: 02 dez. 2022a.

INFOMONEY. O que são NFTs? Entenda como funcionam os *tokens* não fungíveis. Disponível em: https://www.infomoney.com.br/guias/nft-token-nao-fungivel/. Acesso em: 02 dez. 2022b.

INOVASOCIAL. *Startup* dinamarquesa cria garrafa de papel para a Coca-Cola. Disponível em: https://inovasocial.com.br/investimento-social-privado/coca-cola-garrafa-papel/. Acesso em: 27 nov. 2022.

IPEA – INSTITUTO DE PESQUISA ECONÔMICA APLICADA. O que é *joint venture*? Disponível em: https://www.ipea.gov.br/desafios/index.php?option=com_content&id=2110:catid=28&Itemid=. Acesso em: 28 nov. 2022.

ISTO É. Klabin e Heineken fecham parceria para reciclar embalagens no interior do PR. Disponível em: https://www.istoedinheiro.com.br/klabin-e-heineken-fecham-parceria-para-reciclar-embalagens-no-interior-do-pr/. Acesso em: 01 dez. 2022.

JACOBI, P.R.; BESEN, G.R. Empresas do Sistema B: inovação em sustentabilidade. In: PHILIPPI JR., A.; SAMPAIO, C.A.C.; FERNANDES, V. **Gestão empresarial e sustentabilidade**. Barueri: Manole, 2017. p. 745-762 [Coleção Ambiental, v. 21].

KABEER, N. Gender equality and women's empowerment: A critical analysis of the third millennium development goal. **Gender & Development**, Oxfordshire, v. 13, n. 1, p. 13-24, jul. 2010.

KANG, J.; SHIVDASANI, A. Firm performance, corporate governance, and top executive turnover in Japan. **Journal of Financial Economics**, [s. l.], v. 38, n. 1, p. 29-58, mai. 1995.

KOALA ENERGY. Entenda como funciona o processo de fabricação dos pellets de madeira. Disponível em: https://www.koalaenergy.com.br/post/49/entenda-como-funciona-o-processo-de-fabricacao-dos-pellets-de-madeira. Acesso em: 02 dez. 2022.

KOTLER, P. **Marketing essentials**. Englewood Cliffs: Prentice Hall, 1984. 556 p.

KOTLER, P.; ARMSTRONG, G. **Princípios de *marketing***. 15. ed. São Paulo: Pearson, 2015. 780 p.

KOTLER, P.; KELLER, K.L. **Administração de *marketing***. 14. ed. São Paulo: Pearson, 2013. 794 p.

KOTLER, P.; LEVY, S.J. Broadening the concept of marketing. **Journal of Marketing**, Chicago, v. 33, n. 1, p. 10-15, jan. 1969.

LAO-TSÉ. **Tao Te Ching:** o livro que revela Deus. 5. ed. São Paulo: Martin Claret, 2013. 154 p.

LAVILLE, E. **A empresa verde**. São Paulo: Õte, 2009.

LEITE, P.R. **Logística reversa**: meio ambiente e competitividade. 3. ed. São Paulo: Saraiva, 2017. 360 p.

LUFTHANSA. Voos neutros em CO_2. Disponível em: https://www.lufthansa.com/br/pt/compensar-voo. Acesso em: 28 nov. 2022.

MADRUGA, R. **Guia de implementação de *marketing* de relacionamento e CRM**: o que e como todas as empresas brasileiras devem fazer para conquistas, reter e encantar seus clientes. 2. ed. São Paulo: Atlas, 2010.

McCARTHY, E.J. **Basic marketing**: a managerial approach. Homewood: R.D. Irwin, 1960. 770 p.

McKINSEY. A new textiles economy: Redesigning fashion's future. Disponível em: https://www.mckinsey.com/capabilities/sustainability/our-insights/a-new-textiles-economy-redesigning-fashions-future. Acesso em: 30 nov. 2022.

MÉAUX, F.; JOUNOT, A. **Enterprises performantes et responsables**: c'est possible! Saint-Denis: Afnor, 2014.

MEIO SUSTENTÁVEL. Economia circular: o que é e como funciona? Disponível em: https://meiosustentavel.com.br/economia-circular/. Acesso em: 01 dez. 2022.

MERCADO COMUM. Subway lança campanha contra uso de canudo plástico. Disponível em: https://www.mercadocomum.com/subway-lanca-campanha-contra-uso-de-canudo-plastico/. Acesso em: 09 dez. 2022.

MICHAELIS. **Michaelis dicionário prático**. Língua portuguesa. 3. ed. São Paulo: Melhoramentos, 2016. 976 p.

MIT SLOAN. Métricas ESG: mercado rumo à maturidade. Disponível em: https://www.mitsloanreview.com.br/post/metricas-esg-mercado-rumo-a-maturidade. Acesso em: 03 dez. 2022.

MONEY TIMES. Suzano aposta em fibra verde em parceria com *startup* finlandesa. Disponível em: https://www.moneytimes.com.br/suzano-aposta-em-fibra-verde-em-parceria-com-startup-finlandesa/. Acesso em: 28 nov. 2022a.

MONEY TIMES. Ambipar lança aplicativo com tecnologia *blockchain* para pessoas físicas compensarem emissões de carbono. Disponível em: https://www.moneytimes.com.br/ambipar-lanca-aplicativo-com-tecnologia-blockchain-para-pessoas-fisicas-compensarem-emissoes-de-carbono/. Acesso em: 28 nov. 2022b.

MOSEDALE, S. Assessing women's empowerment: towards a conceptual framework. **Journal of International Development**, Nova Jersey, v. 17, n. 2, p. 243-257, fev. 2005.

NARDELLI, A.M.B. **Sistemas de certificação e visão de sustentabilidade no setor florestal brasileiro**. 2001. 136 f. Tese (Doutorado em Ciência Florestal). Viçosa: Universidade Federal de Viçosa, 2001.

NASCIMENTO, L.F.; LEMOS, A.D.C.; MELLO, M.C.A. **Gestão socioambiental estratégica**. Porto Alegre: Bookman, 2008. 229 p.

NOVAES, A.G. **Logística e gerenciamento da cadeia de distribuição**: estratégia, operação e avaliação. 4. ed. Rio de Janeiro: Elsevier Campus, 2015.

OCEAN CONSERVANCY. The Problem with Plastics. Disponível em: https://oceanconservancy.org/trash-free-seas/plastics-in-the-ocean/. Acesso em: 30 nov. 2022.

O GLOBO. Estudo mostra como as empresas estão na jornada ESG. Setor de papel e celulose lidera *ranking*. Disponível em: https://oglobo.globo.com/economia/esg/noticia/2022/03/estudo-mostra-como-as-empresas-estao-na-jornada-esg-setor-de-papel-celulose-madeira-lidera-ranking-25442979.ghtml. Acesso em: 02 dez. 2022.

ONE PLANET. Estudo de caso de extensão de vida útil do produto: retalhar. Disponível em: https://www.oneplanetnetwork.org/sites/default/files/05-caso_ret_pt.pdf. Acesso em: 01 dez. 2022.

ONU – ORGANIZAÇÕES DAS NAÇÕES UNIDAS. Os objetivos de desenvolvimento sustentável no Brasil. Disponível em: https://brasil.un.org/pt-br/sdgs. Acesso em: 25 out. 2022.

OSGOOD-ZIMMERMAN, A., MILLEAR, A., STUBBS, R. et al. Mapping child growth failure in Africa between 2000 and 2015. **Nature**, 555, p. 41-47, 2018.

OTTMAN, J. A. **As novas regras do *marketing* verde**: estratégias, ferramentas e inspiração para o *branding* sustentável. São Paulo: M. Books do Brasil, 2012. 328 p.

OURO E PRATA. A Ouro e Prata é a 1ª empresa de ônibus carbono neutro do Brasil. Disponível em: https://www.viacaoouroeprata.com.br/site/default.asp?TroncoID=707064&SecaoID=706460&SubsecaoID=0&Template=../artigosnoticias/user_exibir.asp&ID=064926. Acesso em: 28 nov. 2022.

PACTO GLOBAL. Entenda melhor os ODS. Disponível em: https://www.pactoglobal.org.br/ods. Acesso em: 25 out. 2022a.

PACTO GLOBAL. Entenda o significado da sigla ESG (Ambiental, Social e Governança) e saiba como inserir esses princípios no dia a dia de sua empresa. Disponível em: https://www.pactoglobal.org.br/pg/esg. Acesso em: 26 nov. 2022b.

PENSADOR. Fábula "A galinha e os ovos de ouro". Disponível em: https://www.pensador.com/fabula_a_galinha_e_os_ovos_de_ouro/. Acesso em: 16 out. 2022.

PEREIRA, A.L.; BOECHAT, C.B.; TADEU, H.F.B. et al. **Logística reversa e sustentabilidade**. São Paulo: Cengage Learning, 2012. 192 p.

PHC. Sustentabilidade. Disponível em: https://www.phc-bra.com.br/sustentabilidade/index.html. Acesso em: 09 dez. 2022.

PLATAFORMA CIRCULAR. Plataforma circular. Disponível em: https://www.plataformacircular.app/. Acesso em: 01 dez. 2022.

POLONSKY, M.J. An introduction to green marketing. **Electronic Green Journal**, Los Angeles, v. 1, n. 2, p. 1-10, 1994.

PORTAL SANEAMENTO BÁSICO. Créditos de reciclagem poderão movimentar até R$ 14,2 bilhões. Disponível em: https://saneamentobasico.com.br/residuos-solidos/creditos-reciclagem-movimentar-bilhoes/. Acesso em: 02 dez. 2022.

PORTER, M. **Estratégia competitiva**: técnicas para análise de indústrias e de concorrência. Rio de Janeiro: Elsevier Campus, 2004. 409 p.

PORTILLO, M.F.F. **Sustentabilidade ambiental, consumo e cidadania**. 2. ed. São Paulo: Cortez, 2010. 256 p.

RESUMO CAST. Estudo mostra como as empresas estão na jornada ESG. Setor de papel e celulose lidera *ranking*. Disponível em: https://www.resumocast.com.br/estudo-mostra-como-as-empresas-estao-na-jornada-esg-setor-de-papel-celulose-e-madeira-lidera-o-ranking/. Acesso em: 02 dez. 2022.

REVISTA EMBALAGEM MARCA. Vigor inova com iogurte em embalagem de papel. Disponível em: https://embalagemmarca.com.br/2021/02/vigor-inova-com-iogurte-em-embalagem-de-papel/. Acesso em: 27 nov. 2022a.

REVISTA EMBALAGEM MARCA. Nestlé lança no Brasil primeira cafeteira de cápsulas compostáveis de papel. Disponível em: https://embalagemmarca.com.br/2022/11/nestle-lanca-no-brasil-primeira-cafeteira-de-capsulas-compostaveis-de-papel/. Acesso em: 28 nov. 2022b.

REVISTA H&C. P&G apresenta sua primeira garrafa de papel. Disponível em: https://revistahec.com.br/pg-apresenta-sua-primeira-garrafa-de-papel/. Acesso em: 27 nov. 2022.

ROTA DA RECICLAGEM. Rota da reciclagem. Disponível em: https://www.rotadareciclagem.com.br/. Acesso em: 01 dez. 2022.

SANTANDER. ESG: entenda o que significa e quais são os critérios. Disponível em: https://santandernegocioseempresas.com.br/conhecimento/gestao-de-negocios/esg/. Acesso em: 03 dez. 2022.

SÃO PAULO. Programa Estadual de Mudanças Climáticas do Estado de São Paulo. Conferência das Partes (COP). Disponível em: https://cetesb.sp.gov.br/proclima/conferencia-das-partes-cop/. Acesso em: 28 nov. 2022.

SARDAGNA WEB. Entenda o que é ser um *player* de mercado. Disponível em: https://sardagnaweb.com.br/entenda-o-que-e-ser-um-player-de-mercado/#:~:text=Player%20de%20mercado%20%C3%A9%20um,promissora%2C%20 grandes%20oportunidades%20de%20neg%C3%B3cio. Acesso em: 28 nov. 2022.

SEBRAE – SERVIÇO BRASILEIRO DE APOIO ÀS MICRO E PEQUENAS EMPRESAS. O que é uma *startup*? Disponível em: https://www.sebrae.com.br/sites/PortalSebrae/artigos/o-que-e-uma-startup,6979b2a178c83410VgnVCM1000003b74010aRCRD. Acesso em: 02 dez. 2022a.

SEBRAE – SERVIÇO BRASILEIRO DE APOIO ÀS MICRO E PEQUENAS EMPRESAS. Saiba como montar uma fábrica de briquetes. Disponível em: https://atendimento.sebraemg.com.br/biblioteca-digital/content/como-montar-uma-fabrica-de-briquetes#:~:text=Na%20produ%C3%A7%C3%A3o%20de%20briquetes%20s%C3%A3o,ou%20outros%20tipos%20de%20aglutinantes.. Acesso em: 02 dez. 2022b.

SECOVI. ABNT lança norma ABNT PR 2030 – ESG. Disponível em: https://www.secovi.com.br/noticias/abnt-lanca-norma-abnt-pr-2030-esg/15894#:~:text=Sobre%20a%20Norma,para%20incorpor%C3%A1%2Dlos%20na%20organiza%C3%A7%C3%A3o. Acesso em: 09 dez. 2022.

SEIFFERT, M.E.B. **Gestão ambiental**: instrumentos, esferas de ação e educação ambiental. 3. ed. São Paulo: Atlas, 2014. 328 p.

SEU DINHEIRO. Vale abre inscrições para programa de capacitação exclusivo para mulheres negras; saiba como participar. Disponível em: https://www.seudinheiro.com/2022/empresas/vale-abre-inscricoes-para-programa-de-capacitacao-exclusivo-para-mulheres-negras-lils/. Acesso em: 30 nov. 2022.

SGS. Os benefícios da economia circular e logística reversa. Disponível em: https://sgssustentabilidade.com.br/2019/07/16/beneficios-da-economia-circular-e-logistica-reversa/. Acesso em: 01 dez. 2022.

SHIMP, T.A. Comunicação integrada de *marketing*: publicidade, promoções e outras ferramentas. In: CZINKOTA, M.R.; DICKSON, P.R.; DUNNE, P.; GRIFFIN, A.; HOFFMAN, K.D.; HUTT, M.D.; LINDGREEN JR., J.H.; LUSCH, R.F.;

RONKAINEN, I.A.; ROSENBLOOM, B.; SHETH, J.N.; SHIMP, T.A.; SIGUAW, J.A.; SIMPSON, P.M.; SPEH, T.W.; URBANY, J.E. Marketing: as melhores práticas. Porto Alegre: Bookman, 2001. p. 362-395.

SISTEMA B. [S.l.], [2016]. Disponível em: http://www.sistemab.org/br/a-empresa-b. Acesso em: 22 nov. 2022.

SNCF. Testez notre comparateur de mobilité sur SNCF Connect. Disponível em: https://www.sncf.com/fr/engagements/developpement-durable/testez-comparateur-mobilite-oui-sncf. Acesso em: 28 out. 2022.

STEAL THE LOOK. 6 marcas brasileiras de sapatos que são sustentáveis. Disponível em: https://stealthelook.com.br/6-marcas-brasileiras-de-sapatos-que-sao-sustentaveis/. Acesso em: 30 nov. 2022.

SUKHDEV, P. **Corporação 2020**: como transformar as empresas para o mundo de amanhã. São Paulo: Planeta Sustentável, 2013.

SUPER INTERESSANTE. Johnson & Johnson troca plástico por papel nos cotonetes. Disponível em: https://super.abril.com.br/tecnologia/johnsons-troca-plastico-por-papel-nos-cotonetes/. Acesso em: 09 dez. 2022.

SUSTAINABLE CARBON. O que é e como são gerados os créditos de carbono? Disponível em: https://www.sustainablecarbon.com/como-sao-gerados/. Acesso em: 28 nov. 2022.

SUSTAINALYTICS. Sustainability Linked Loans. Helping build Sustainability Linked Loan Programs. Disponível em: https://www.sustainalytics.com/corporate-solutions/sustainable-finance-and-lending/sustainability-linked-loans?utm_term=linked+loan&utm_campaign=SCS+-+Second+Party+Opinion+-+Issuers&utm_source=adwords&utm_medium=ppc&hsa_acc=4619360780&hsa_cam=1622722504&hsa_grp=138520808146&hsa_ad=610585047779&hsa_src=g&hsa_tgt=kwd-1389186968580&hsa_kw=linked+loan&hsa_mt=p&hsa_net=adwords&hsa_ver=3&gclid=EAIaIQobChMI3uL-G4PLR-wIVyxXUAR38sAkvEAAYASABEgLqcPD_BwE. Acesso em: 28 nov. 2022.

SUZANO. Bioestratégia. Disponível em: https://www.suzano.com.br/inovacao/bioestrategia/. Acesso em: 28 nov. 2022.

THE GUARDIAN. Deforestation for fashion: getting unsustainable fabrics out of the closet. Disponível em: https://www.theguardian.com/sustainable-business/zara-h-m-fashion-sustainable-forests-logging-fabric. Acesso em: 30 nov. 2022.

TISSUE ONLINE. Além de papel higiênico, Mili lança as primeiras hastes flexíveis de plástico biodegradável do Brasil. Disponível em: https://tissueonline.com.br/alem-de-papel-higienico-mili-lanca-as-primeiras-hastes-flexiveis-de-plastico-biodegradavel-do-brasil/. Acesso em: 09 dez. 2022.

UBÁ – PREFEITURA MUNICIPAL DE UBÁ. Conheça o Programa Municipal de Pagamento por Serviços Ambientais (PSA). Disponível em: https://www.uba.mg.gov.br/detalhe-da-materia/info/conheca-o-programa-municipal-de-pagamento-por-servicos-ambientais-psa/174516. Acesso em: 28 nov. 2022.

UFSCAR – UNIVERSIDADE FEDERAL DE SÃO CARLOS. O que é *Token*? Disponível em: https://www.portalsei.ufscar.br/duvidas-frequentes/assinaturas/o-que-e-token. Acesso em: 02 dez. 2022.

UFV – UNIVERSIDADE FEDERAL DE VIÇOSA. Programa carbono zero. Disponível em: https://www.carbonozero.ufv.br/?page_id=167. Acesso em: 28 nov. 2022.

UNEP – UNITED NATIONS ENVIRONMENTAL PROGRAM. Cleaner production. [S.l.]. Disponível em: https://www.unep.org/resources/report/environmental-agreements-and-cleaner-production. Acesso em: 27 nov. 2022.

UNICEF. Objetivos de Desenvolvimento Sustentável: ainda é possível mudar 2030. Disponível em: https://www.unicef.org/brazil/objetivos-de-desenvolvimento-sustentavel. Acesso em: 25 out. 2022.

UOL – UNIVERSO ON-LINE. CEO, CFO, CTO e outros: saiba o significado de siglas de executivos. Disponível em: https://economia.uol.com.br/guia-de-economia/ceo-cfo-cto-e-outros-saiba-significado-de-siglas-de-executivos.htm. Acesso em: 26 nov. 2022a.

UOL – UNIVERSO ON-LINE. Coca-Cola apresenta protótipo de garrafa de papel. Disponível em: https://economia.uol.com.br/noticias/redacao/2020/10/22/coca-cola-apresenta-prototipo-de-garrafa-de-papel.htm. Acesso em: 27 nov. 2022b.

UOL – UNIVERSO ON-LINE. Diageo lança garrafa em papel, 100% livre de plástico. Disponível em: https://economia.uol.com.br/noticias/redacao/2020/07/14/diageo-lanca-garrafa-em-papel-100-livre-de-plastico.htm. Acesso em: 27 nov. 2022c.

UOL – UNIVERSO ON-LINE. Carlsberg desenvolve garrafa de papel para cerveja. Disponível em: https://economia.uol.com.br/noticias/redacao/2019/10/24/carlsberg-lanca-garrafa-de-papel-para-cerveja-totalmente-reciclavel.htm. Acesso em: 27 nov. 2022d.

UOL – UNIVERSO ON-LINE. Carro elétrico vira realidade no Brasil, e as filas em eletropostos também. Disponível em: https://www.uol.com.br/carros/colunas/paula-gama/2022/10/21/carro-eletrico-vira-realidade-no-brasil-e-as-filas-em--eletropostos-tambem.htm. Acesso em: 28 nov. 2022e.

UOL – UNIVERSO ON-LINE. 500.000 carros elétricos vendidos em 1 mês: a China surpreende mais uma vez. Disponível em: https://insideevs.uol.com.br/news/615896/carros--eletricos-hibridos-vendas-china/. Acesso em: 09 dez. 2022f.

UOL – UNIVERSO ON-LINE. O que é pegada de carbono e por que devemos nos importar com a nossa? Disponível em: https://www.uol.com.br/ecoa/ultimas-noticias/2021/05/04/o-que-e-pegada-de-carbono-e-porque-devemos-nos-importar-com-a-nossa.htm. Acesso em: 28 nov. 2022g.

UOL – UNIVERSO ON-LINE. Inclusão Social. Disponível em: https://brasilescola.uol.com.br/educacao/inclusao-social.htm#:~:text=Inclus%C3%A3o%20social%20%C3%A9%20uma%20medida,os%20negros%2C%20deficientes%20e%20homossexuais.. Acesso em: 30 nov. 2022h.

USP – UNIVERSIDADE DE SÃO PAULO. Luiza Trajano fala sobre o empoderamento feminino no mercado de trabalho. Disponível em: https://www.fea.usp.br/fea/noticias/luiza-trajano-fala-sobre-o-empoderamento-feminino-no-mercado-de-trabalho. Acesso em: 30 nov. 2022.

VIEIRA, A. Conheça o Sistema B: um movimento de empresas onde o lucro anda junto com os benefícios sociais. *Draft*, [s. l.], 15 dez. 2014. Negócios Sociais. Disponível em: http://projetodraft.com/conheca-o-sistema-b-um-movimento-de-empresas-onde-o-lucro-anda-junto-com-os-beneficios-sociais/. Acesso em: 22 nov. 2022.

VIVER NORONHA. Escova de dentes de bambu Viver Noronha. Disponível em: https://www.vivernoronha.org/products/10-adulto-escovas-de-dentes-bambu-vivernoronha. Acesso em: 09 dez. 2022.

WBCSD – WORLD BUSINESS COUNCIL FOR SUSTAINABLE DEVELOPMENT. A ecoeficiência: criar mais valor com menos impacto. Disponível em: https://bcsdportugal.org/wp-content/uploads/2013/11/publ-2004-Eco-eficiencia.pdf. Acesso em: 27 nov. 2022.

WORLD TRADE STATISTICAL REVIEW. Highlights of world trade in 2019. Disponível em: https://www.wto.org/english/res_e/statis_e/wts2020_e/wts2020chapter02_e.pdf. Acesso em: 30 nov. 2022.

WRI BRASIL. Como Extrema se tornou um caso de sucesso em restauração. Disponível em: https://www.wribrasil.org.br/noticias/como-extrema-se-tornou-um-caso-de-sucesso-em-restauracao. Acesso em: 28 nov. 2022.

ZARAGOZA. La llegada del primero de los 68 nuevos buses 100% eléctricos abre una nueva etapa de modernización de la red de transporte urbano. Disponível em: https://www.zaragoza.es/sede/servicio/noticia/313641. Acesso em: 28 nov. 2022.

Conecte-se conosco:

 facebook.com/editoravozes

 @editoravozes

 @editora_vozes

 youtube.com/editoravozes

 +55 24 2233-9033

www.vozes.com.br

Conheça nossas lojas:

www.livrariavozes.com.br

Belo Horizonte – Brasília – Campinas – Cuiabá – Curitiba
Fortaleza – Juiz de Fora – Petrópolis – Recife – São Paulo

  Vozes de Bolso

EDITORA VOZES LTDA.
Rua Frei Luís, 100 – Centro – Cep 25689-900 – Petrópolis, RJ
Tel.: (24) 2233-9000 – E-mail: vendas@vozes.com.br